爱上手作，因为猫

妙市集

Catwork

图·文 郑慧荷

山东人民出版社

7
補
3
2005.12.25
黑白貓的演進
花貓の
JPの

2
5
6
9
10
11
黑白猫

推荐序

自从得知集艳丽、贤淑于一身的喵喵即将被艺术工作者收养，心里就止不住地期待，新家庭会帮喵喵拍很多照片吧？他们家会有许多猫咪的艺术收藏品吧？

一定是因为众人的企盼，从收养的第一天起，三花婆婆便贴心地开始在博客上分享喵喵的新生活——一个年轻的单亲辣妈带着两个拖油瓶住进已单身一阵子的熟男阿妙家里。每篇图文读来都充满惊喜，像是新家那一大片窗，还有三花小学的神来之笔、足球大赛的妙趣横生，在在引人入胜。

送养后的第一次探视，我们一群人死皮赖脸跟在Emily身后，也不管三花婆婆是否生性害羞，对于那扇窗我有强烈的向往，更别提举目可见的手作小物——从环保袋、书袋到贴纸、小卡——朴实无华却又内含光芒，很想亲手触摸那手作的质感，再说可爱的虎花姐妹一个多月来成长不少，看着博客上的逗趣照片，谁不想亲手再抱抱它们呢？

我们在三花婆婆家度过了愉快的下午茶时光，听她叙述每一样手作物的历史与灵感来源，插画作品上也几乎都有调皮的猫来轧一脚，天生手拙的我只能默默羡慕她的巧思与手艺。午茶时间聊不完的，日后也没机会多问，对于那些充满情感的作品的制作过程，心里充满好奇，嘴里却不好意思问。那个美好的午后，我们享用了山上的阳光，威廉夫妇的温暖，以及妙喵花虎的招待。

不多久，三花婆婆开了新博客——妙市集，开始针对作品做系列的呈现与介绍，除了可看到较早期的版画作品，更开始新的创作！

一年来，妙市集的读者成长迅速，口耳相传的力量不断催生他们的作品，于是我有了阿妙杯、黑白猫明信片……面对三花婆婆童趣十足的小卡及印章，难免也会动念想亲手裁制，却总是摸不着头绪！灵感何来？材质的挑选、制作所需的工具……几乎是毫无概念啊！许多人也和我一样，偷偷期待着哪天会有三花手作教室的成立吧？

结果，三花婆婆终于给了个大惊喜，她出书了！

这本书有她和威廉的作品、生活，还有妙喵虎花，令人喜出望外的是，书中还针对那些令人爱不释手的小物介绍了做法！想开始让生活有点不同的人，只要有简单的针线、一把刻刀，就能制作充满个人风格的手作卡片或布包喔！相信所有支持三花俱乐部跟妙市集的朋友都会迫不及待地要收藏这本书，还不认识妙喵虎花的朋友也会因此爱上三花婆婆笔下的猫生活！

开始拥有一只猫，或者开始尝试手作，都让我找到宁静而幸福的力量；不刻意、不做作，展露自我风格，是猫，也是手作。让我们一起幸福吧！

酷力司

新浪博客：酷的猫 blog.sina.com.tw/mycats_2/

自序

Cats are our family members, so it's quite natural for us to record their everyday life with a camera. The photos I took of the cats are not like those aesthetic ones taken at the photo studio, for I like those image records which reflect our everyday life. Since William and I are both cat lovers, most of our art creations are related to cats. Cats are usually the most important roles in my illustrations, and William can't do his design work without cats either.

一切都从威廉捡到的小花猫开始。

一个大男生，从校园里带回一只小花猫，说要养。起初，这个柔弱的小生命让我有点害怕：根本没养过猫，关于猫的知识近乎零。经过一段时间的观察、摸索与相处，发现猫咪原来那么贴心可爱，于是恢复元气、健康长大的小花猫，变成我们最宠爱的小公主。

婚后，猫咪依然是我俩生活的最佳伴侣，照顾猫咪，并得到它们全然的信任，有一种奇妙的喜悦与满足。但随着猫咪逐渐老去，我们也经历了失去的伤痛。

时光流逝，思念的情绪慢慢抚平，威廉开始通过网络搜寻猫咪认养的信息，我也终于能够接纳新的猫咪，再一次享受年轻猫咪带来的活力。

猫咪是家人，用相机记录家人的点点滴滴是很自然的事。

眼神表情万千，耳朵或竖或贴都是独特的语言，指头伸展像开花，尾巴因惊吓瞬间膨起，舔毛时伸舌、抬腿也好有意思——更不用说伸懒腰、打哈欠这种让猫仆们百看不厌的小动作了——睡觉、游戏、奔跑、跳跃……看不腻，拍不完。这还只是一只猫的表情喔！还有四只猫之间稍纵即逝的互动，亲情、友情、爱情，天天都像欣赏温馨、爆笑的连续剧。

所以我镜头里的猫，少有唯美的沙龙照，因为特别喜欢有生活感的影像记录。

猫的优雅与神秘，对我们的工作产生很大的影响：我的插画常常有猫，威廉的设计作品也少不了猫。

猫，也是居家布置的主角：家里的小角落，悄悄爬上手绘的猫图案；哪天兴致一来，窗帘上又缝了一只猫剪影；小公寓里质朴的手作氛围，都属于猫。

这本书收录了我们生活中的猫故事、猫摄影，以及相关的卡片、生活杂货、袋子，有小量生产的设计作品，也有手工独一无二的创作。

出版之前，客厅、卧房的窗帘又做了一些修改，新的卡片、袋子创意又在脑海中蔓延开来……

衷心感谢美术设计R-one先生，让这本书如此精致地呈现。谢谢秀秀小姐不厌其烦的校对，Peggy小姐生动的英文翻译。谢谢酷力司的推荐序，让我彷佛回到刚从Emily家领养喵虎花的情景，重温了初识猫友们时的温暖心情。最后，谢谢一直默默支持我的威廉，在写书的这段时间依然给我许多鼓励与协助。

谢谢猫咪给我的一切美好与麻烦。

阿荷

Snack'N Lunch
Snack'N Lunch
À la délivrance !
KIRKLAND
GRAPE

目录

Contents

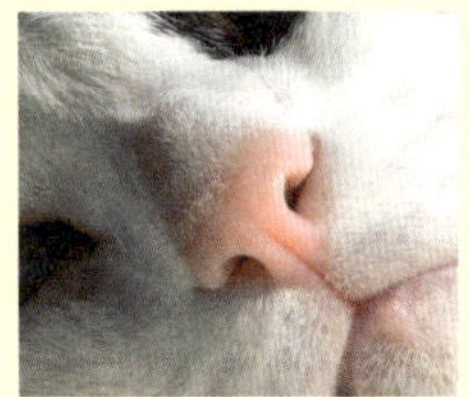

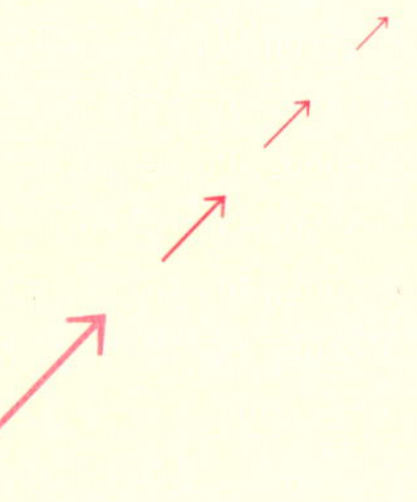

阿妙 ♂ 1994

我家的黑白老大
阿妙

阿妙是侠女之子

1994年，在住家附近认识了一只棕色圈圈纹短尾猫，她大刺刺不怕人，每次遇到她，我都赶紧买罐头给她加菜，她一边吃，一边对旁边觊觎的狗狗伸爪挥挥。哇，好厉害的女猫！

平时她都在巷口蹓跶，和附近大楼的警卫成了好朋友。

“小姐，这只猫长得很像云豹喔，她抓鸟功力一流呢。有时候听到车子警报器伊喔伊喔响，都是那只云豹猫跳上去抓鸟的关系啦！”哇，侠女耶！

某天经过巷口，警卫先生急急地跑出来：“小姐小姐，云豹猫前几天生啦，三只小猫仔，你要不要来看？”

我从电表箱捞出三兄妹，其中一只是阿妙。

↘

阿妙 ♂ 1994

把阿妙拐回家

Becca是威廉和我大学时养的猫，毕业后跟着威廉回南部，好想念她……看到阿妙，我兴起了再养猫的念头，但是家里反对养小动物，怎么办?

不管了，先带回家再说！我跑去看云豹猫母子，三只小猫在母亲怀里睡得好香，就这样，还没断奶的阿妙被我拐回家。

云豹猫很信任我，看我抱走儿子，没什么反应。

(她一定想：抱这只啊，有你受得了，嘿嘿嘿……)

我没有奶小猫的经验，照顾起来心慌慌。一周后去看阿妙的其他两姐妹，天啊，喝母奶喝得圆滚滚，个头比阿妙大一号！相形之下，瘦巴巴的阿妙简直像被我虐待！

回家后积极帮阿妙进补，希望他多长肉，祈祷他健健康康。

↙

阿妙 ♂ 1994

叛逆少年

小小阿妙终于顺利长大了，家人也接受了他。

没有玩伴的阿妙，老爱扒着我们的脚趾啃，痛死了！跷脚看报纸，他攻击我们脚上的拖鞋：先斜眼瞪、发出李小龙式的尖叫声，然后抱住拖鞋猛踢。我怀疑他有暴力倾向。

阿妙很像卡通片里那只爱抓鸟的大坏猫。每天固定在窗台赏鸟的他，赏着赏着抓到麻雀，兴冲冲叼进屋子，放在鞋子里当礼物。(可怜的麻雀啊……)

我还目睹他跟乌秋夫妇打架，那对鸟夫妻大概看阿妙不顺眼很久了，有一天忽然俯冲下来挑衅，阿妙不甘示弱，在空中猛挥猫拳反击，我看傻了眼。

阿妙一向我行我素。他爱对谁好就对谁好，他讨厌谁就抓谁，朋友看到阿妙可爱的模样都想摸，我总是先声明：摸，可以，急救箱里有碘酒和纱布。

↘

三花娇娇女+黑白郎君

婚后，我带着阿妙，威廉带着Becca，两人两猫一起生活。

本来很担心阿妙体型大、脾气坏，会欺负娇滴滴的Becca，没想到初次碰面，温柔娇娇女就膨成大松鼠，全力威吓！阿妙被逼到床底下不敢出声。整整一星期，Becca一凶，他就像麻糬一样软趴趴。天哪！威风凛凛的帅哥居然变成小媳妇！

不久，阿妙摸清这位娇娇女其实是虚张声势，于是追着玩、磨蹭示好，可是人家小女生根本不理他。

就这样感情不是很好的两猫，一起生活了好多年。

Becca12岁那年过世了，悲伤的夜里，威廉、我、阿妙，一起送Becca最后一程。

↘

阿妙 ♂ 1994

喵虎花+妙爷

喵淑惠、喵小虎、喵小花(以下简称“喵虎花”)成为家里的新成员。原本担心阿妙会欺负喵虎花，没想到阿妙的大爷脾气只发在人身上，对猫(母猫？)依然完全没辙！

淑惠带着两个拖油瓶，一进家门就展现“我是女主人”的自信模样，母猫保护小猫的天性，让她对阿妙充满敌意：尖叫、狂哈式的喷口水、猫拳，什么撕破脸的绝招都用了。

天真烂漫的小虎、小花对阿妙很好奇，常常跟在他身后，看一看、摸一摸，忍不住玩玩尾巴。十几岁的老猫觉得烦，总是快闪。有几次忍耐到了极限，终于出手把小猫们打下去，此时淑惠像女超人似的，不知从哪个角落冲出来把阿妙打回去，她在一旁监视很久啦。

吵吵闹闹过了好几个月，妙喵虎花终于渐渐了解对方，淑惠也哺乳超过八个月(一般是两个月)，断奶的时候到了。

恢复小姐心情的淑惠，竟然跟阿妙翻滚示好，不过大概之前被凶怕了，阿妙对美女的示爱完全无动于衷。

阿妙的晚年生活

阿妙老了，喵虎花闯入他平静的生活，他的心理压力肯定很大。

朋友来访若是声音嘈杂、尖锐，他会发脾气，对于喵虎花，他真的很容忍。

他尽量和小猫们保持距离，一副道貌岸然的模样，睡窝被小虎占了，也只是默默地离开。

但是冬天一到，喵虎花轮流挤在他身上取暖，四猫睡成一团，这对一向孤傲的妙爷来说真是奇迹！

从张牙舞爪到相亲相爱，我不禁为他们像家人般互相接纳而觉得幸福。

End

第一篇

卡片 Cards

黑白猫——大自然幽默之作

天神在创造黑白猫的时候，
可能刚好和朋友聊天还喝了点小酒，
要不然怎会有这么多充满实验精神与幽默感的黑白花色出现！

Black-and-white cats - humorous creation of Nature

While God was creating black-and-white cats, he was probably chatting and drinking with his friends. Otherwise he wouldn't have come up with so many different black-and-white cats with patterns that are full of experimental spirit and sense of humor.

All of the cats on the card really do exist. They come from Taiwan, Hong Kong, and the United States, and they are all friends I've met on the Internet.

The black spots of those black-and-white cats are variously scattered, which makes each cat have its own personality. While arranging those cats I drew, I put those with less black spots on the top of the card and those that are almost all black at the bottom. The arrangement makes the pictures look like the process of some kind of evolution.

这张卡片上所有的猫都真有其猫，他们来自中国台湾、中国香港、美国，都是网络上认识的猫朋友！由左到右由上到下依序是：

DeeDee、丁丁、小玉咪、阿咪、冰卤蛋、粉Q、蔡蔡

鱼露、菲士兰、点点、咪咪、阿爽、阿喵、pingu

酷酷&阿福、阿妙、牛牛、米露古、beauty、小饼、欧佩拉

酱油、咪噜、rocky、摩摩、黑嘉丽、百吉、托比

海苔、派克、奔老大、小海带、goma、挞饭、胡黑宝&小尾巴&渣渣&小米&欧咩尬&猪咪

黑白猫的黑斑分布千变万化，仿佛因此有着不同的个性，画好之后把众猫从白到黑渐层排列，像不像有趣的演化过程？

瞧！有的面具戴到眼角，有的戴到脸颊；有的这里多了一撮，那里少了一点；有的鼻头漆黑，有的粉嫩粉嫩；有的小胡子右边比较大撇，有的左边比较大撇——别以为男生才留小胡子喔！有一位叫咪噜的黑白小姐，就是有可爱小胡子的女生呢。

黑白猫虽然花色抢眼，但脾气好像都很古怪！像我家阿妙年轻时就是一只非常冲动、有主见的咬人猫，现在年纪大了(高龄十二)，加上家里有新的猫咪，他才收敛一些，但也有人说：不会呀，我家黑白猫都会翻肚讨摸，温和又贴心——那真是太令人羡慕，恭喜啦！

thirty five

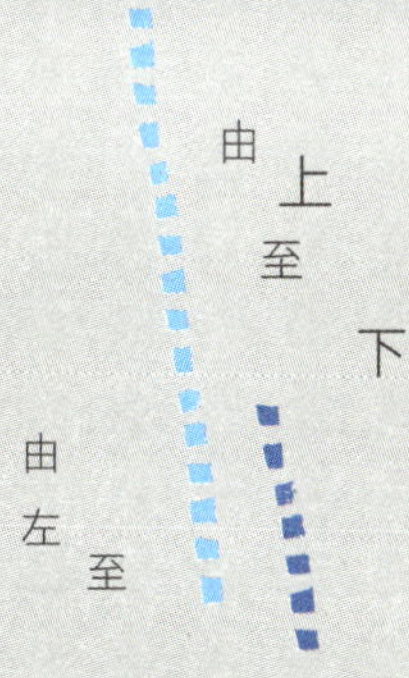

猫的听觉

住在山坡上的猫，听云走路的声音，听种子发芽的声音。

猫的听觉，不可思议。

奇怪，他不是睡在楼上最深的那个柜子里，怎么听得到门外的脚步声？奇怪，为何他不迎接我爸我妈和其他家人，独独冲下来迎接我？这是阿妙小时候的事了，回想起来真是甜蜜，至今家人还啧啧称奇。所以脾气坏归坏，他的爱的表现还真是暖心啊！

猫咪听觉细微，稍大的声响都是震撼教育——隔壁邻居钉个钉子，就大惊小怪一起盯着墙壁看好久；楼下狗儿汪汪汪，大伙儿也忙着在窗边围在一起往下看，好像三姑六婆聊是非！

Curious

法语问候卡 Salut! Bonjour!

学生时代爱写信写卡片，书写的乐趣是生活的一部分。毕业了有机会出国旅行，每一趟旅程都不忘寄当地的明信片给朋友给自己，漂亮的邮戳、邮票是我珍藏的旅行纪念。渐渐地，和朋友的书信往来愈来愈少，不知不觉，E-mail时代来临了。

渐渐习惯从计算机里接收友人的问候，手写卡片似乎是很遥远的记忆了。

有一天，收到在法国读书的表妹写给我的猫咪明信片，看到表妹的笔迹，我感动不已！在E-mail时代有人不只记得你爱猫，还为你挑一张卡片，还写满漂亮的中文！手写，还是最动人！手写，应该有一次“文艺复兴”！

Salut！你好，Bonjour！早安

一部动人的法语片，让我迷上法语轻柔的音乐感，冲动地跑去学法文。到巴黎旅行却还是舌头打结，还是只会用简单的问候语。

尽管法语全部还给老师，但Salut、Bonjour是不会忘的。我爱这张Salut的单纯明快，而从圆点咖啡杯冒出来，顶着西瓜汁说Bonjour的猫，是不是很有夏天的味道？

Bonjour

讲故事的猫咪书卡

把画过的猫咪们集合在一起，设计成书卡。插画是我的工作，读者多是儿童与青少年，拟人化的猫活泼了主题严肃的书，逗趣的猫咪跟小朋友讲故事说道理，想象力可以飞到很远很远。

杯子是我最喜欢的杂货，猫咪是我最爱画的题材，加上猫咪喜欢“躲猫猫”的天性，总觉得把猫咪放在杯子里再cute不过了。

杯子猫书卡

猫下厨书卡

我发现爱猫人有个共同的特点，就是热爱家居生活，这跟猫咪恋家的天性很像呢！

更有趣的是我身边的爱猫朋友不是烹饪高手，就是对“吃”这件事非常讲究的美食家，这跟猫咪挑嘴的天性也很像耶！

版画、篆刻、橡皮章，
从字面上看是三种不同的东西，
对我而言，
它们的关系可深了。

手作篇 Hand made

Woodblock painting was very attractive to me when I was in high school and college, and I had always dreamed that I would have a dazzling achievement in this field. However, woodblock painting requires more techniques and equipment. Therefore, I haven't had any chance to do any woodblock painting after graduation.

I like rubber stamps and woodblock paintings for the same reasons. When I started carving stamps, the little girl in me who enjoyed writing also woke up. Therefore those hand-made cards with stamps were created.

One of the features of a stamp is that it can be used repeatedly to make the same patterns just like those which can be seen on printed cloth. I've tried to make the best use of the feature by stamping repeatedly on my cards.

（图1）

（图2）

版画是个麻烦的东西 （图1）

从高中到大学时期，版画一直非常吸引我。那时北美馆展出的国际版画双年展声势浩大：绢版、胶版、木刻版、平版、金属蚀刻、美柔汀……看到全世界的版画家在各种技法上如此专精，构图、意念如此丰富，我总是沉浸其中跟着一起天马行空。常常梦想能够在这个领域中更上层楼，但是制作版画需要专业的技术和设备，毕业以后我就无缘再接触它了。

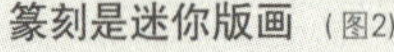

篆刻是迷你版画 （图2）

篆刻，以技术来说像凸版，只是面积比较小，具功能性，且素材是石头。大一时篆刻是必修课，虽然有一整年的时间钻研，但是我的手力老是拿捏不好，所以没有留下任何满意的作品，图2的石头章全是威廉刻出来的。

橡皮章是随手可得的乐趣（图3）

到日本旅行的时候，我总是会随身带着一本空白本子，做什么呢？因为日本有很多地方给民众盖纪念章。这些橡皮纪念章是机器做出来的，很精细。最近因为日本手作杂志风行，用橡皮擦自己刻印章，渐渐在台流行开来。

没有版画教室的设备，又没有刻石头章的力道，橡皮章成了很好的替代品。橡皮擦很软很容易刻，用刻木版画的雕刻刀就可以轻易完成，而且价钱便宜，我很快就迷上了它。

喜欢橡皮章，和喜欢版画的道理相同，刻印章的时候，也和喜欢写东西的少女时期的我相遇，于是这些手作的印章卡片就诞生了。

印章的特性，就是可以不断盖出相同的图案，做出印花布般的效果，所以我喜欢连续盖章，尽量利用印章可以一直重复的优点。

（图3）

Little universe

Cards

小宇宙

猫掌是一个小宇宙，
尖尖的爪子藏在柔软的肉垫里，
喜欢趁猫儿睡觉时偷偷按它——
小小的武器从粉嫩的机关里轻轻跑出来。

猫咪的小手小脚表情真丰富，小虎和妈妈一起睡午觉，粉红花的小肉垫有着幸福的温度。

miao

……

Z.z.z.

沉睡的阿妙大大的手掌，是另一座小宇宙，使用超过十年的肉球，带着男猫的粗犷。

Dancing cats
01
Master of Yoga
02
My black
and white friends
03
Fly high cats
04
playful cats are
smarter
05
hello cats
06
little squirrels
07
friendly cats
08
THANK YOU

Cards

01

跳舞猫 Dancing cats

抓到鱼了！抓到鱼了！开心地唱歌跳舞吧！开party庆祝吧！

02

瑜伽大师 Master of Yoga

像弹簧一样的，柔软的小身体，到底隐藏了什么秘密？

不过是睡饱了疏松筋骨罢了，不过是两手伸长、屁股翘高的日常作息罢了，

我却天天看，天天赞叹。

03

黑白猫朋友 My black and white friends

阿妙在绿叶丛中愣头愣脑，欧佩拉在旁边微微笑。

通过博客认识的黑白猫欧佩拉，脸蛋儿超有特色

——额头那火焰般的美人尖儿，好像卡通里走出来的猫咪呀！

04

爱玩的猫智慧高 Playful cats are smarter

玩乐和睡觉是一天中最重要的两件大事，灵巧地玩球、叼球、藏球，懂得游戏的猫智慧高。

05

飞翔吧！猫咪 Fly high! Cats

发现高处，往下跳。越制止，越爱跳。

跳跃的瞬间PUMA姿势多完美！最后，我纵容一群超级运动员满屋飞翔。

06

小松鼠 Little squirrels

我生气了！拱背、尾巴膨起，变成小松鼠！

刻意留下刀痕，画面更有动感。配置本身也是一种趣味：

四只不同颜色的猫一起变成小松鼠，非常有力！

07

友善的猫

Friendly cats

家里四只猫的个性都不同。小花性情最温和，是天生友善的猫。

她喜欢靠着我，一边享受抚摸，一边嗯嗯、喵喵撒娇不停，

仿佛两眼冒爱心，仿佛把她的一切毫不保留地奉献给我。

Cards

08

一点都不冷漠

Cats are not Cold-hearted

只是不会兴奋地吐舌微笑，只是不会激动地摇尾巴示好，

所以人们说你冷漠。

怎知，一切的关注都在轻柔中发生：

轻轻地走路，轻轻地磨蹭，轻轻地呼唤。

我知道，出远门时，你多么想我。

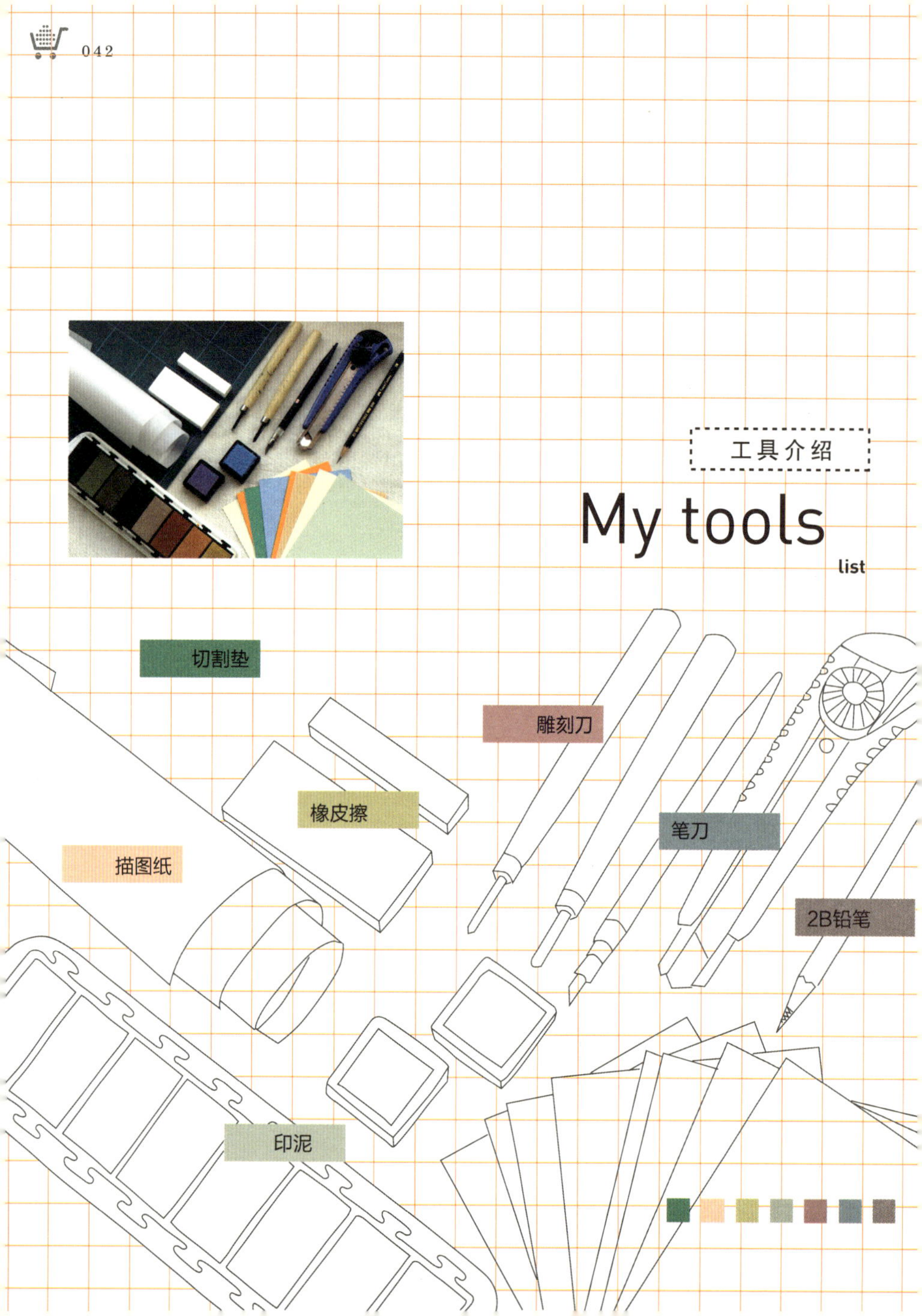
工具介绍
My tools
list
切割垫
雕刻刀
橡皮擦
笔刀
描图纸
2B铅笔
印泥

步骤 1-9

step 1

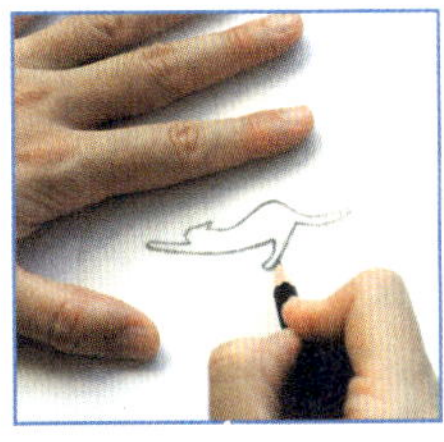

画好草稿，确定后把描图纸放在上面，用2B铅笔描图。

step 2

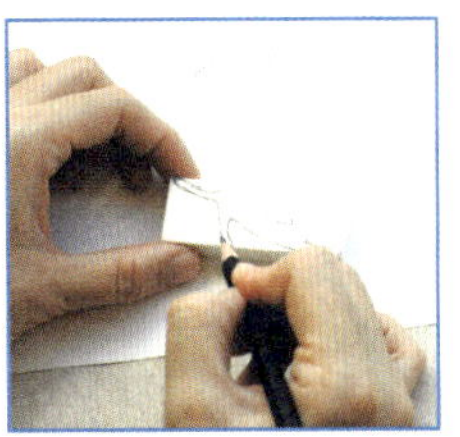

把描图纸图案面朝下在橡皮擦上压一压，将铅笔痕迹转印上去，不清楚的地方再描一次。

step 3

刻之前先用印泥把橡皮擦盖一盖然后在纸上抹匀，这样刻掉和未刻掉部分才分得清楚，别小看这个步骤喔！

step 4

整个印章变得黑黑的，用铅笔再把图案描一次。

step 5

用三角形的雕刻刀开始刻，剔除大面积用圆刀，最后更细的修饰用笔刀。

step 6

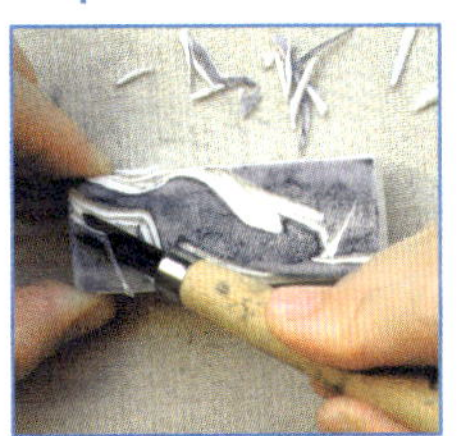

如果喜欢印章有版画的感觉，留一些刀痕也无妨，修饰得太干净反而没有拙趣了。

step 7

最后把多余的部分用美工刀切掉，以免盖印章时沾到印泥。

step 8

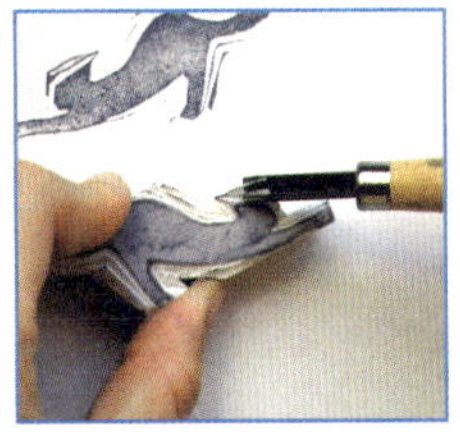

完成后先试盖，看着盖好的图案一步步修到满意为止。

step 9

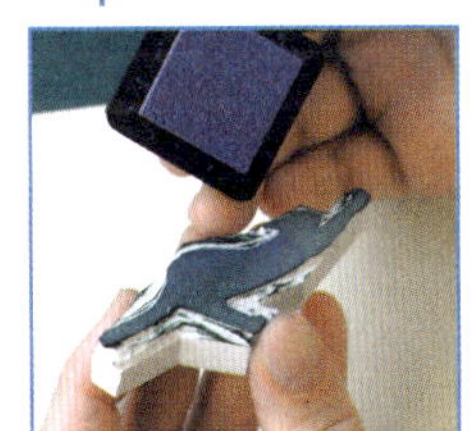

手拿印泥轻拍印章，拍均匀后就可以盖在卡片上了。

steps 1 to 9
to make a stamp

娇媚的三花名模

喵淑惠

永远的三花猫

喵淑惠　♀　2004

2004年秋天，我们的第一只猫Becca过世了。

大四那年，威廉在校园发现了娇小、颤抖的她，从此我们爱上猫咪，开始了和猫咪的亲密生活。

12年来，Becca跟着我们念书、就业，搬了好多次家，好不容易在这小小公寓里安定下来，她却享受了不到一年，就走了。

看见平常她睡觉的篮子空了，心好痛，泪水无法控制……夜里也会梦到她，失去她实在太痛苦了。

去年，威廉想养一只新的猫咪，在网络上搜寻认养的讯息。说什么我也不肯，我不想养任何新的猫咪了，不想再历经新的伤痛，现在有阿妙就好了。

认养消息联结到Emily的博客，威廉看到了喵喵。

她的三花毛色、眼神，都和Becca神似，威廉被电到了！但我还是坚持，不要再养猫了，没有任何猫可以取代Becca！

“Becca当然是无可取代的，每一只猫都是如此！我们心中属于Becca的位置永远在，我们永远不会忘记她!”威廉这么说。

↙

喵虎花三只都要

Emily的博客“北鼻帅、香菇酷、豆皮Q”是我第一个接触的猫咪博客，照片拍得好，文章简短幽默，渐渐地，我融入了她笔下的猫咪生活。

北鼻、香菇、豆皮是三只漂亮的大公猫，至于喵喵，原本是个流浪猫，母亲节那天跟着Emily回家，Emily帮喵喵洗澡，带她去看医生，确定健康之后开始认养。

一天，威廉盯着计算机屏幕大叫：“喵喵怀孕了！”

因为越来越胖，照超声波才发现肚子里竟然有三个baby，原来喵喵早就是少妇了。

喵喵怀孕、生产的过程，都被Emily用相机记录下来—母爱的伟大，生命的诞生，点点滴滴，如此真实、感人。我的心软化了，威廉终于跟Emily表示：想认养喵喵和其中一只三花小猫。

小猫一个月大时，我们到Emily家拜访，一看到喵喵，眼泪差一点掉下来。因为Becca给我太多美丽的回忆，而眼前这位三花小少妇，和她那么神似，那么可爱、亲切，她让我抱抱，大方地让我看她的孩子……

威廉跟我说：“我们把小虎也带回来好不好？”

原本只带喵喵和小花，没想到威廉又希望小虎来，他说：“小虎小花一起玩，才不会寂寞啊！”

这个理由很好，可是家里的猫暴增，我很害怕，犹豫了好几天。

又去看了一次猫，跟Emily确定也要带小虎回来。终于在2005年9月，喵、虎、花热热闹闹来到我家。

↘

三花俱乐部

为了记录阿妙和喵虎花的生活，我开始写博客“三花俱乐部”，自称“三花婆婆”。“三花”是纪念生命里的第一只猫——三花猫Becca，“婆婆”是因为十几年没有小小猫了，小虎小花在我看来就是顽皮的小孙子！

喵喵后来改名喵淑惠，最爱看她和小虎小花亲子互动，有时候带头暴冲开运动会，有时候抱着小朋友踢踢踢，更多时候疼惜地对小孩舔舔舔，好温馨。

喵淑惠也叫喵志玲，为什么呢？

猫友奔姐姐寄来一条亲手缝制的蕾丝领巾，淑惠戴上去媚得不得了，在那篇网志里她叫做“名模喵志玲”，我让她在巴黎、伦敦、纽约各走了一场fashion show！

↗

神秘女郎，一辈子的妈妈

Becca、阿妙、小虎、小花，她们的童年我都亲身参与，淑惠不同，她以前的生活如何？总觉得她美得好神秘。

她只比孩子们大一岁，既有小猫的活泼，又有成年猫的娇媚。

现在，小虎小花的身形都比她壮硕了，在自然界中早该独立，但她们却像长不大的小孩，依然赖着妈妈撒娇，这样的亲情，是一辈子也不会改变呢。

End

喵淑惠 ♀ 2004

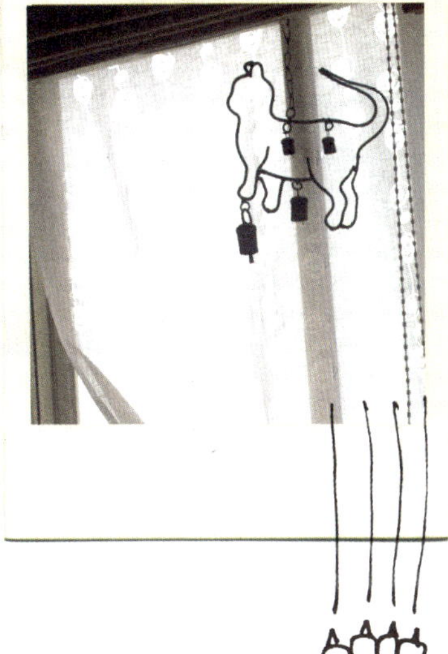

第二篇

生活杂货 Zakka

When I was a little girl, I always dreamed to have a house of my own. I liked to read those foreign housing magazines and imagined what my living room, kitchen, workshop and balcony would be like.

Then I started renting a house when I was in college, and I really enjoyed painting the walls, making curtains and lamp shades, and doing any other DIY work.

After I got married, I finally have an apartment of my own. However, according to my experience, it is unnecessary and also impossible to copy the beauty of the decorations which the magazines have showed. It's much better to create my own style.

curtains

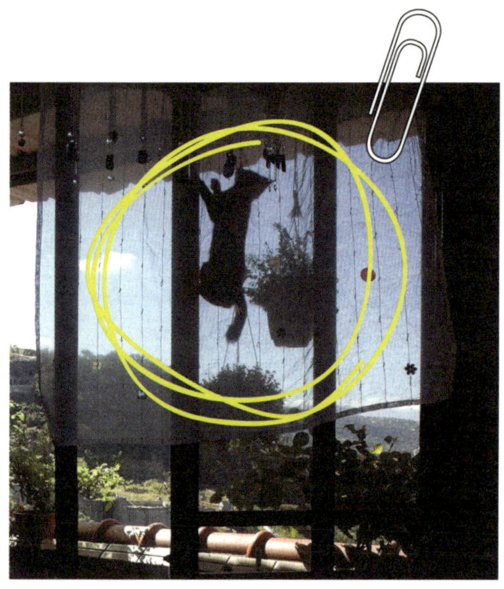

杂志上的房子好漂亮，四季盛开的花园充满芬芳，宽敞明亮的厨房，一边泡澡一边观星的浴室……教导我们生活风尚的书好多好多，那真的属于我吗？真的适合我吗？我真的可能住在这样的梦境里吗？

少女时代，我就对拥有自己的房子有一个梦想，总爱看着书，幻想客厅、厨房、工作间、阳台的模样。大学开始租屋生活，租的房子都又破又旧，房东也不太管，所以自己刷油漆、缝窗帘、做灯罩，这儿画画那儿弄弄，每换一个地方就换一个布置，乐此不疲。

学生时期东西不多，一台小车就搞定所有的家当。

大学四年，住了四个地方。

结婚以后还是常常搬家，虽然租房子，但我还是愿意花一点心思改造，让暂居之处变得很温馨、很有风情。

多年以后，终于拥有一间属于两人的小小公寓。这次，真正开始了我的布置“大”梦。

我没有停止对书里美好生活的幻想，但经验告诉我，复制书里面的美丽是不可能也不必要的，风格，不如自己创造。

搬到新家时所有的家具都是旧的：书柜、桌子，我认为是一个家的灵魂，都是大学同学亲手做的，跟我们搬了好多次家，已经很有历史感。沙发早已被猫抓得花花的，不要紧，选一块厚实的粗纹浅布盖住就很好看。至于窗帘，因为客厅外推的窗户阳光强所以特别订制了罗马帘，其他几面窗就是我发挥的舞台喽。

对面还没建大楼的时候，视野很好，朝南的房子，可以接收秋冬两季直射的阳光。

小花爬上纱窗练习壁虎功，透明窗帘于是有了生动的剪影。

生活风格一点一滴累积，在布置家里的时候，心情之愉快和少女做梦时的我没什么两样呢！

1. 窗帘
Curtains

客厅里的猫影

既然屋前的空地盖了房子，刚搬来时做的透明窗帘也可以光荣退休了，我可不想跟新邻居坦诚相见呀。

客厅采光好可是却不大，选一块轻盈的布，免得产生压迫感。

翻看多年前素描本子上的作品，依样剪一只猫侧影。注意到上方细长透明的玻璃吗？是从小垃圾堆里捡来的水晶灯，我把零件卸下来洗干净，蒙尘的玻璃柱变得闪闪发亮。将意大利珠珠挂在玻璃柱末端，这窗帘简朴却带着小小的奢华感哩！

对面大楼越盖越高，窗帘也依工程的进度改了三次，本来只做到落地窗的三分之一，后来越改越长，最后和整面窗一样大。

猫咪小时候爱在窗帘里躲猫猫，又拉又扯，因此窗帘尾端都要打个结收起来，现在猫咪长大了，知道在窗帘里其实没什么神秘，在空旷的地板上打架好玩多了！

silhouette of a cat

(bird friends)

鸟儿是朋友 图样见P151

红嘴黑鸭、乌秋、麻雀、绿绣眼是我家这一带常见的鸟朋友。
有时候机灵的绿绣眼对我们探头探脑，
有时候乌秋站在电线上聒噪不停，
和猫咪们一起赏鸟，
是最惬意的时光。

↑

天生热情 图样见P151

有的猫天生热情，既黏主人，又好客，

对人百分百信任，好像要把全部都奉献给你。

淑惠就是这样的猫咪。

她陪我工作，爱看我剪了什么缝了什么，好奇地碰一碰摸一摸，

她是个小管家婆。

warm-hearted
nature

wanderings in youth

年轻时的流浪

图样见P152

年轻时的流浪是美好的，随遇而安，独立自主。
回到家，变得更爱家，更珍惜家人朋友。
远方的飞机，是我对旅行的纪念。

喵小花 摸鱼

fish catching

01 生活上的小趣味

常在

不经意中发生

02

小花摸鱼

03

小花（两手一起摸摸摸）：

真的有鱼耶！

04

小花：

抓到你了！

哈哈！

05

小花呀，好好管理仓库，不要分心摸鱼啦！

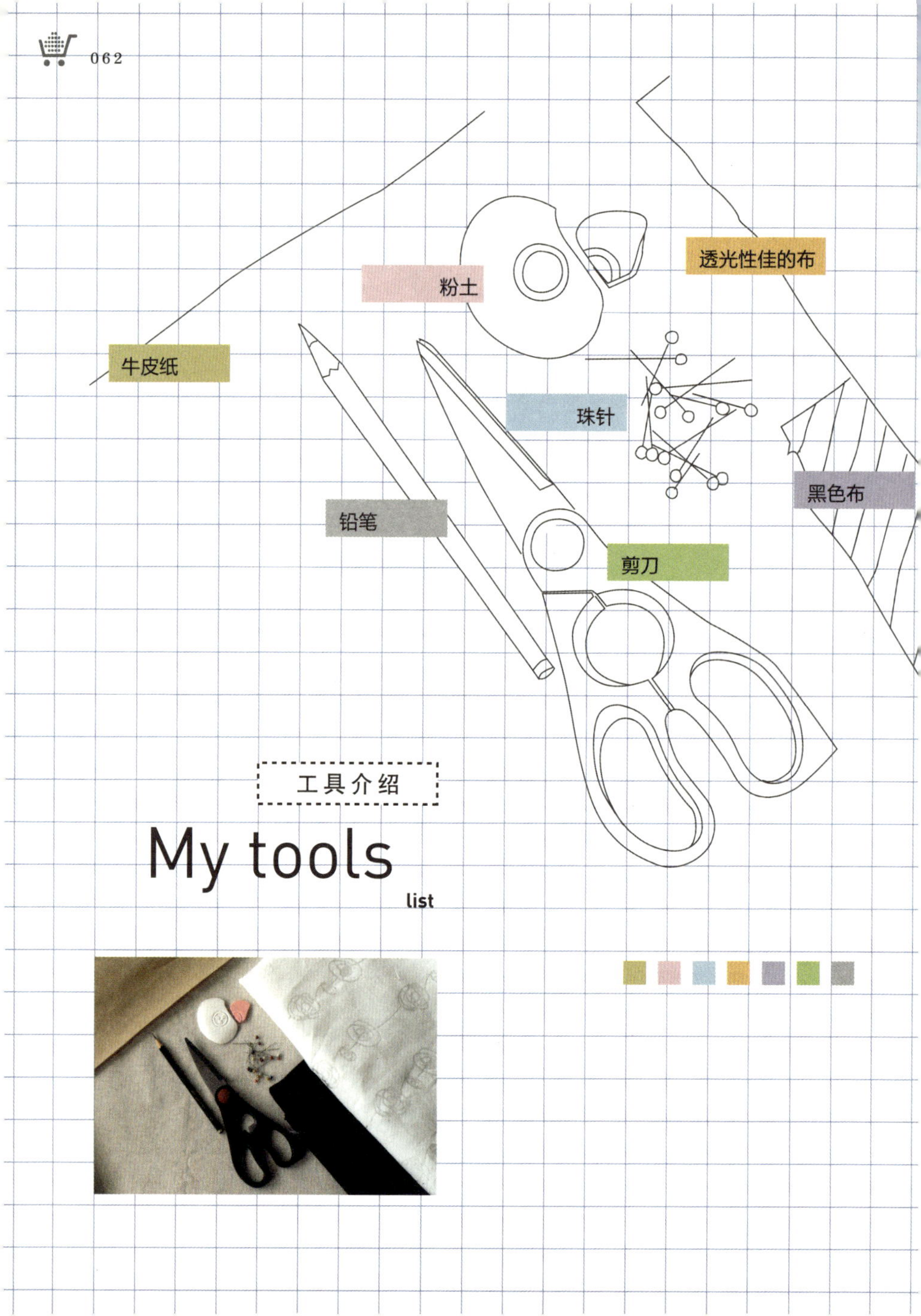

工具介绍

My tools

list

步骤 1-9

step 1

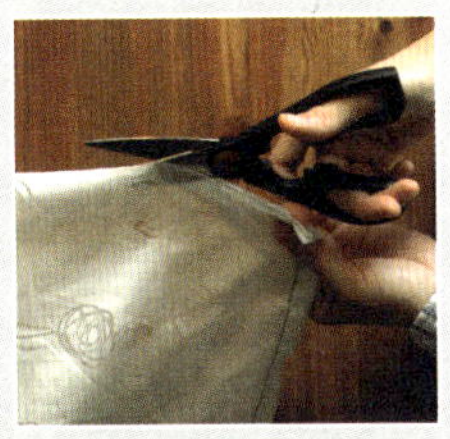

量好窗户尺寸，牛皮纸剪下需要的大小。

step 2

将画好的图形剪下。

step 3

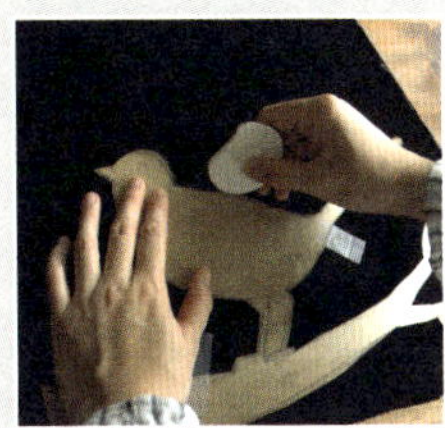

放在布上用粉土描边。

step 4

剪下图案。

step 5

图案完成，铺平检查。

step 6

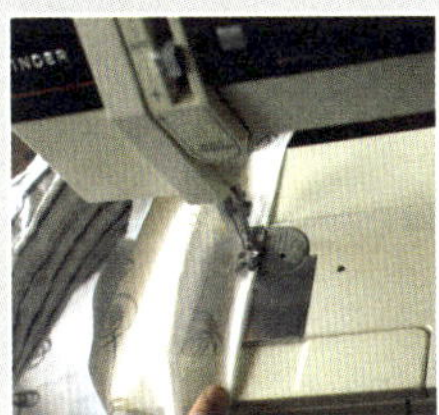

车边。

step 7

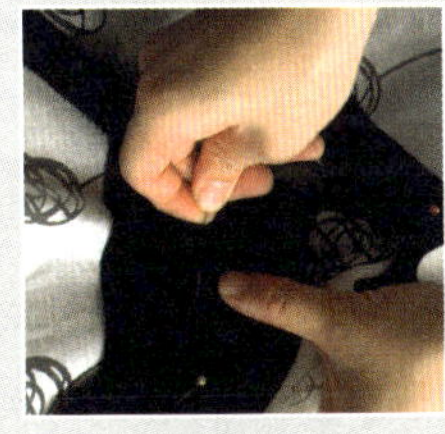

用珠针把图案别起来。

step 8

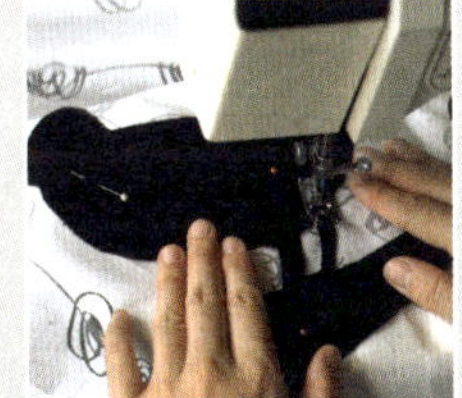

车缝图案。

step 9

完成。

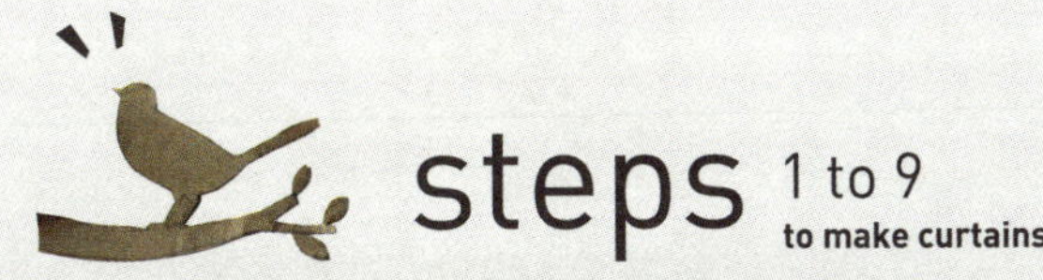

Yogurt
aliens. Whether the fil
industrial ambience will con
the Academy it's the best animat
short remains to be seen, but no
doubt the gap between Oscars and
ysticks is shrinking. – Scott McKin

2. 厨房里的小风景

家里厨房小，而且跟起居室连在一起，朋友看到小不隆咚的厨房都问："你们开伙吗？"当然啰！

感谢烹饪家，刀叉、水壶、锅碗瓢盆设计家，他们丰富了厨房里的人生。

隔热垫是厨房里不可缺少的杂货。我把过去创作的、小诗般的拼贴画拿出来找灵感：色纸、报纸、车票、植物叶子、碎布……材质和造型不限，有一种随机的轻松。这种图画日记，可以从所选的纸啊、布啊、植物等等，窥见当时生活的片段，非常有趣。

隔热垫的创作和拼贴的原理一样，很像用缝纫机画画。我想多年后我一边看着隔热垫上的图案，也会一边想着：哇，当初这块碎布是我做窗帘剩下的，那块是我做袋子剩下的……那时浮上心头的，应该就是对生活轮廓的回忆吧。

隔热垫不用的时候挂起来也像一张张可爱的画!

每个人的厨房风景都不同：有的是整排的橱柜，为了丰富瓷器收藏；有的是小小的香料王国，瓶瓶罐罐排排站好好看；

我的小厨房本来没有什么特别的风景，后来一块块隔热垫完成之后，我的厨房也可爱起来了。

小小的方块风景

scene on the little square

= fish is not my favorite

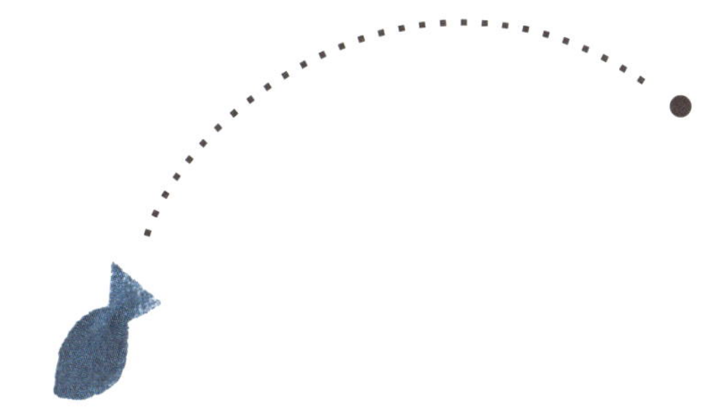

鱼不是最爱 图样见 P153

猫都爱吃鱼吗?

那可不一定。就算吃鱼，也很挑。

挑鱼种，挑烹调法，挑新鲜度……

其实和人一样，每只猫都有独钟的食物。

带猫散步… 图样见 P153

第一次养猫时有个天真的想法：天气好时，带猫去宽阔的草地晒太阳吧！趁着大好冬阳，骑摩托车带着爱猫到学校，结果她从头到尾一直喵喵叫，出笼后惊恐地抓住我，放她下来，又害怕地在草地上匍匐前进，和我想象中的“翻肚享受阳光的幸福模样”差太多了。

猫，还是待在家里陪我煮咖啡吧！晒肚肚？家里最好。

Walk
the
cat?

这个家有你，真好。抚摸你，让我心情平静。看你啃饼干都觉得开心。你睡觉的样子，令天下太平。

疗伤系的猫 图样见 P153

你来脚边撒娇，我感到至高的荣幸。你舒服的呼噜声，是最好的音乐。

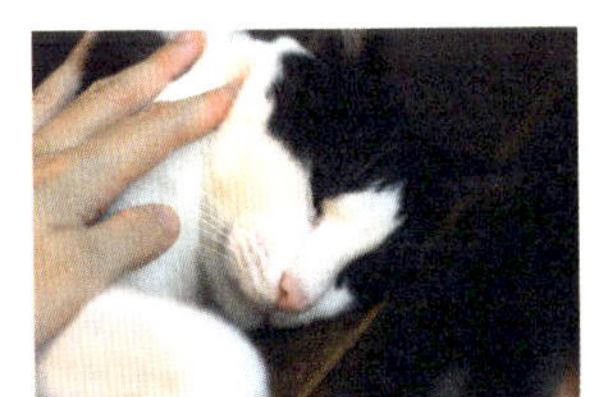

选择颜色鲜艳的毛巾布当手套，
有节庆欢愉的气氛。
左右手虽然长得不一样，
但颜色和蕾丝形成统一感，看起来就是一对分不开的情侣。

图样详 P154

glove couple

手套情侣

coffee or tea ?

喜欢茶，还是咖啡？不知不觉瓶瓶罐罐越来越多，谁是谁都分不清。给它们一个小小的身份证明，我今天下午喝伯爵，你呢？

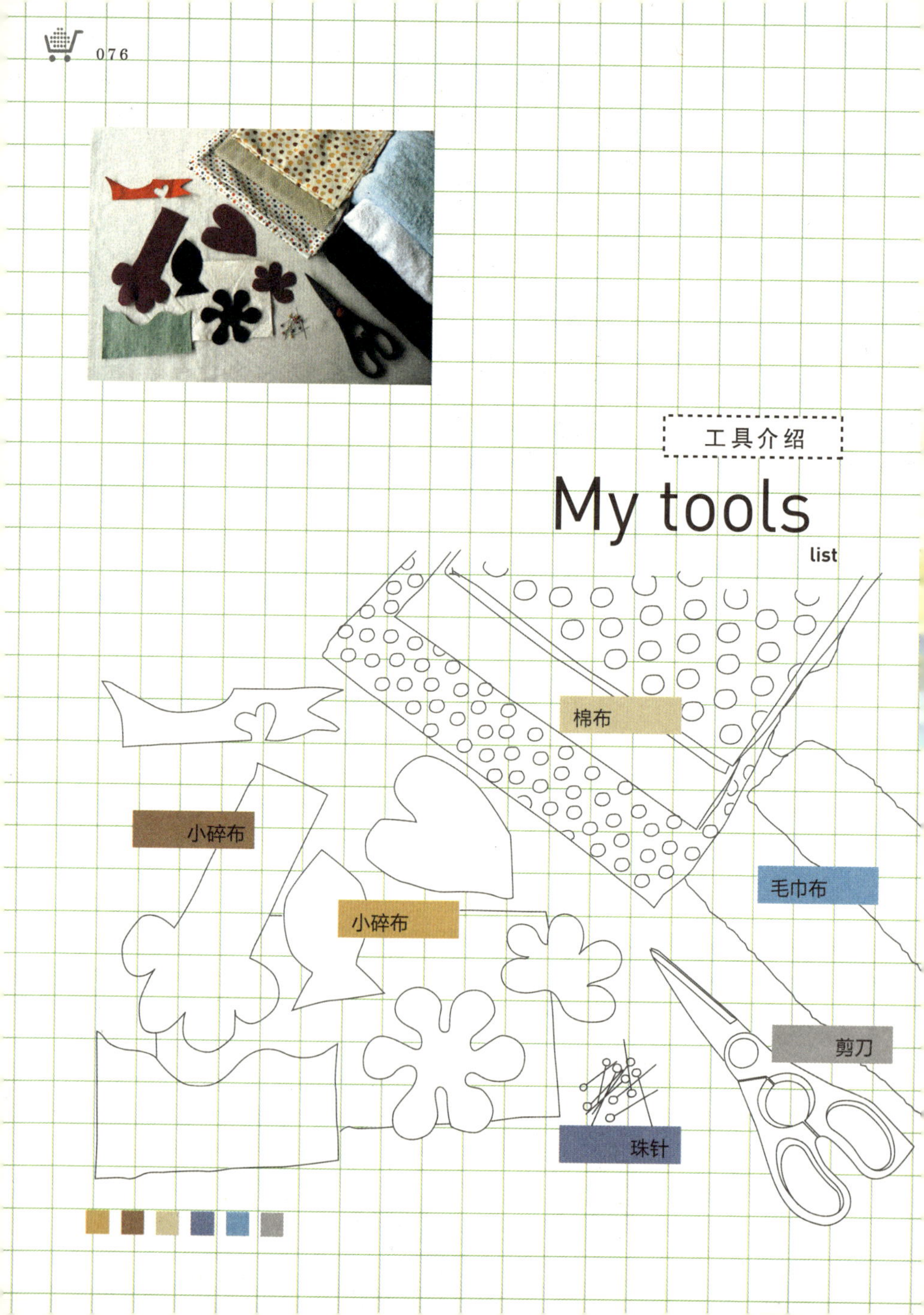
工具介绍
My tools
list
棉布
小碎布
小碎布
毛巾布
剪刀
珠针

step 1

把等大的毛巾布和棉步剪下。

step 2

剪好图案。

step 3

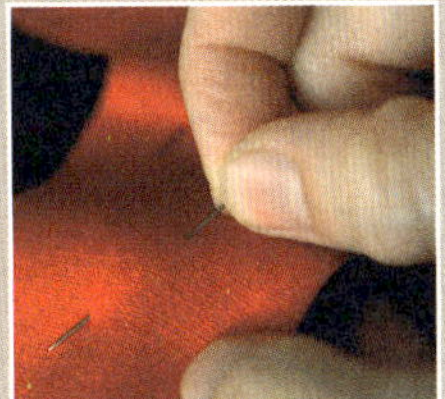

用珠针固定。

step 4

车图案。

step 5

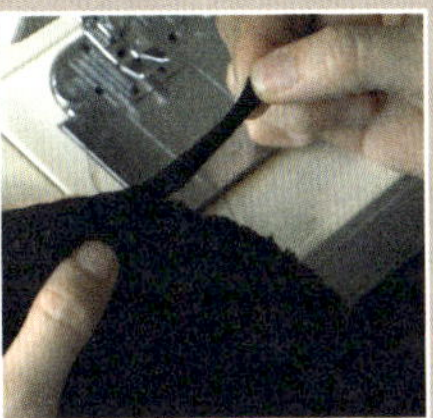

剪下毛巾的布边做挂环。

step 6

确认挂环位置。

step 7

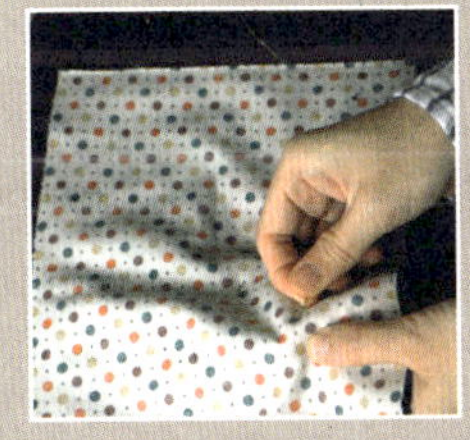

将两块布反面对反面用珠针固定。

step 8

车缝三个边。

step 9

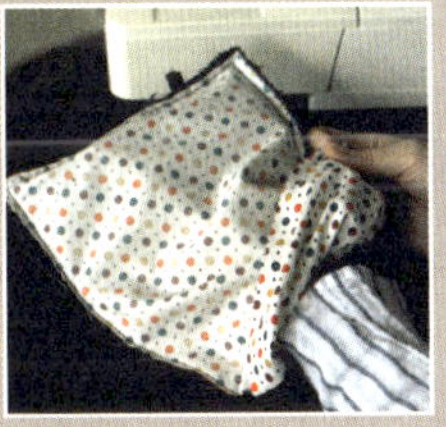

翻面。

step 10

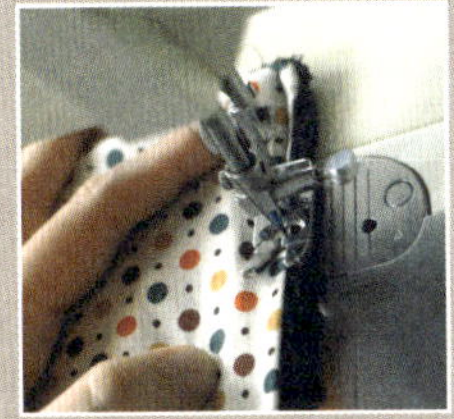

最后一道车缝。

step 11

完成。

步骤 1-11

steps 1 to 11 to make a mat

3.

书衣

Book covers

身边有几本书读了又读，封面、装帧都已开始磨损，是用书衣保护起来的时候了。常用的素面笔记本封面太薄不耐用，穿上书衣是延长寿命的好方法。

书衣的制作不难，除了拼贴风格，我也使用自己刻的印章当图案，选稍微厚一点的坯布，容易吸墨而且样子比较挺，印泥也要选择布专用的，盖好之后用熨斗烫过固色。

猫之梦

图样见P155

Cat's dreams

猫睡觉的时候是不是和人一样也会做梦呢?

睡到一半忽然坐起来洗脸，是不是梦到吃鱼?

每天午睡起来呜呜地跑过来撒娇，是不是做了噩梦?

有时候，嘴角挂着微笑，手还抖一下，一定是梦到玩逗猫棒吧?

沙发，抓抓抓。

地毯，抓抓抓。

书本，抓抓抓。

纸箱，抓抓抓。

拖鞋，抓抓抓。

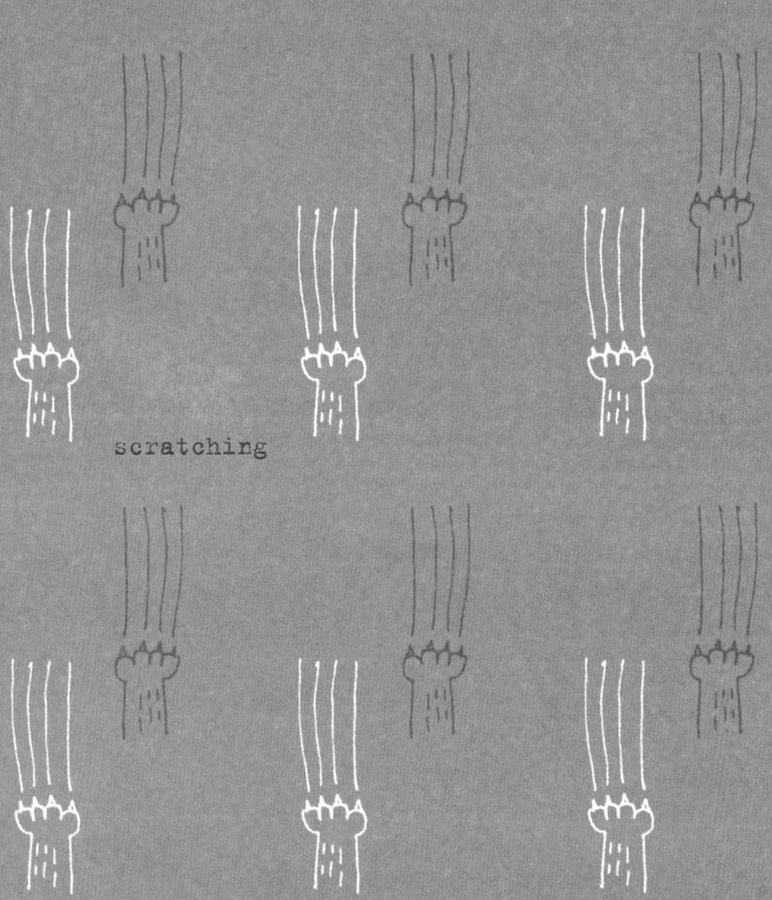

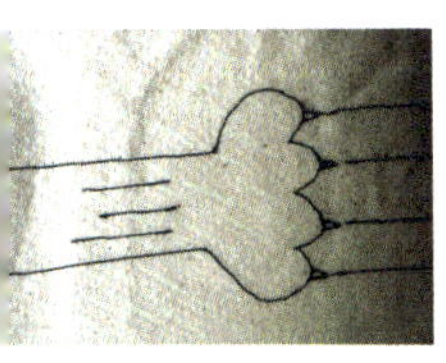

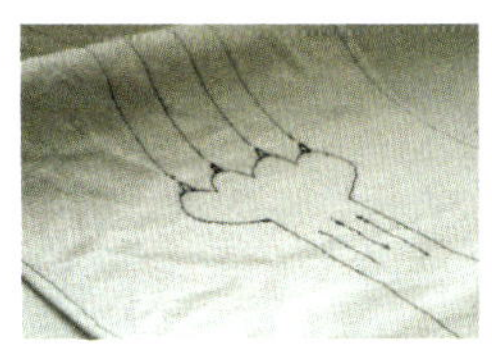

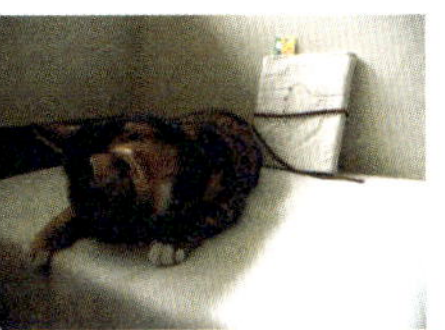

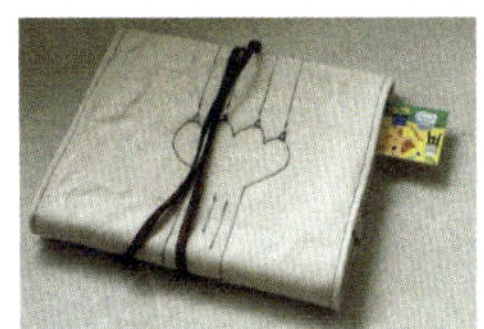

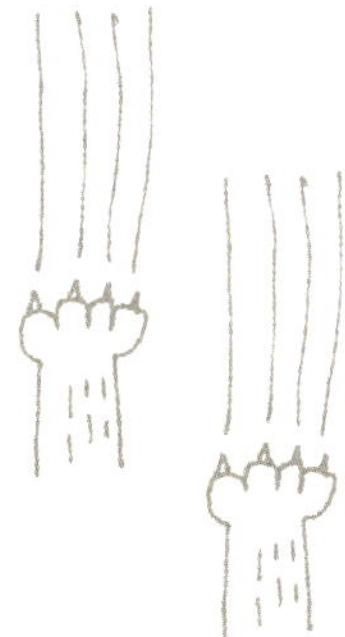

抓抓抓

图样见P151

猫咪就是会抓抓抓，不是手痒痒也不是蓄意找碴，给他们一个可以抓抓抓的环境，

让他们时时刻刻都可以爽快地抓。

比如一个破纸箱，可能可以拯救一座沙发。

01

01 Gymble Liu

02 Gymble's stamp

03 Gymble's book cover

Gymble Liu

刘振宝

阿宝是朋友呸鸡的猫。大大的头、二愣子眼睛、师奶痣，模样逗趣得不得了。

他虽然可爱，但要不是遇到呸鸡，恐怕现在还被关在兽医院的笼子里。

阿宝有两个先天的缺陷：隐睾症、膝关节脱臼。前者会增加结扎手术的困难度，后者则让他走路扭来扭去，将来必须开刀矫正。

原来呸鸡拯救阿宝是要送给一位想养猫的朋友，知道阿宝的状况后她怕给朋友添麻烦，决定把阿宝留在身边，好好照顾他。

她在博客里写着：“阿宝呀阿宝，上天知道我有照顾你的能力，所以把你交到我的手里，不管将来遇到什么问题，都有我陪你一起面对，欢迎你来添麻烦！”

本来呸鸡家里已经有二猫一狗一鸟，阿宝加入后更热闹了，天真无邪的阿宝，你真有福气耶！

02

03

等待 图样见P155

旧枕头套的棉质蕾丝，多年后，成了书衣的装饰。

做手工的小盒子里总有一些不起眼的东西：缎带、碎布、旧纽扣，谁都可能变成下一个创作的素材。

什么该舍，什么该留下，一直考验着我的眼光。

那些在角落里等待的毛线、珠珠，我要好好想想，如何让它们发光。

waiting

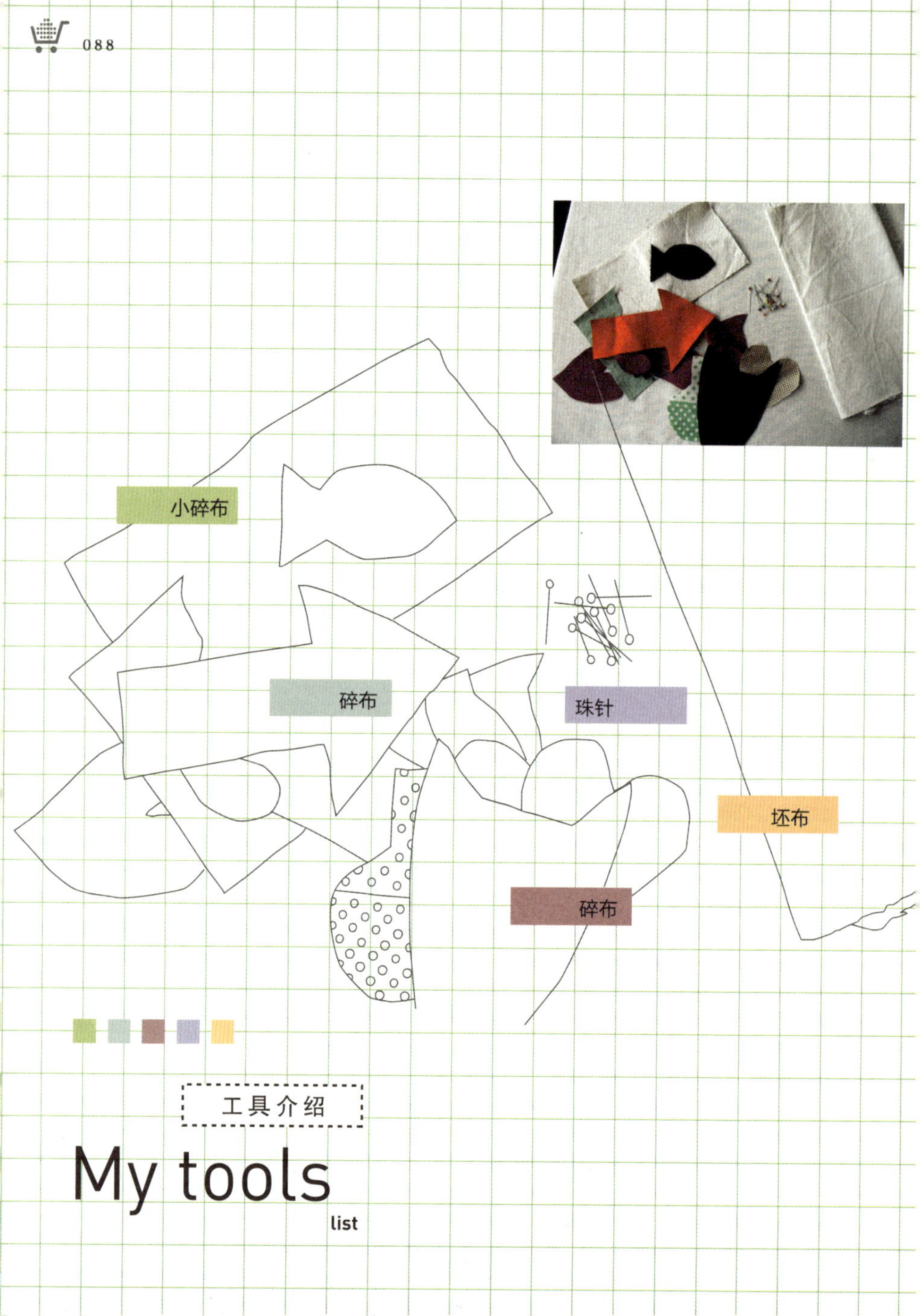
小碎布
碎布
珠针
坯布
碎布
工具介绍
My tools
list

步骤 1-9

step 1

依书本大小把布剪好。

step 2

把图案排列好，确定构图。

step 3

用珠针把图案别好，车图案。

step 4

车第一个折口的布边。

step 5

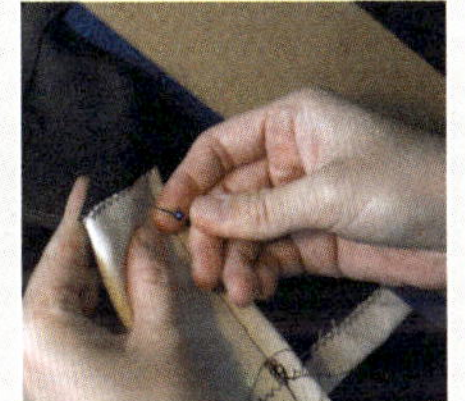

用珠针固定。

step 6

车缝。

step 7

第一个折口完成，准备车第二个折口。

step 8

车缝。

step 9

完成。

ok

steps 1 to 9
to make a bookcover

NEW
GRANOCYTE
http://www.chugai-pharm.co.jp
CYTE
http://www.chugai-pharm.co.jp
PYTIME
WZ
blog.sina.com.tw/catwork/
WZ
blog.sina.com.tw/catwork/
WZ

4. 贴纸 Stickers

搜集贴纸的嗜好从小就有，现在，也设计自家专用的贴纸。

数码相机上手之后，刻录的CD片越来越多，用收纳夹分门别类，贴上阿妙贴纸。

邮件上寄件人也贴阿妙贴纸。

普通的纸箱贴上贴纸，收纳变得很漂亮。

无印良品笔记本的好处就是可以改造得有自我风格。

A-meow 阿妙贴纸

FRAGILE

易碎物注意

配合猫咪马克杯上市，易碎品注意贴纸诞生。

“咦？又是这只猫！就说这是你们设计的，好可爱喔，外面买不到，对不对？我记得这只猫……”邮局阿姨看到包裹上的贴纸笑盈盈地对我说。

之前寄挂号都贴阿妙贴纸，现在虽然换了颜色改了样式，阿姨仍然记得阿妙呢。

1
22
sticker
333

插画贴纸

我认识几位会做果酱、面包的朋友，欣赏她们热爱美食、欢喜生活的态度。

果酱罐、葡萄酒瓶、笔记本都贴上了自己的贴纸——我的身体里一定住着一个小朋友，要不然怎么对贴纸这玩意儿那么执著？

阿妙吃老猫饼干，喵虎花吃成猫饼干。贴上贴纸，保证不会弄错。

贴贴纸的感觉很奇妙，每样东西都有了新的意义。

illustrations

手作篇 Hand made

自己制作贴纸除了用打印机输出之外，
运用橡皮章也是个很好的方法。
现在计算机卖场可以买到各种大张贴纸，
购买时选择表面为模造纸的，自己裁切、盖章，非常方便。

memory
box

回忆之盒

打开回忆之盒，有我在天堂的第一只猫Becca，有阿妙小时候，有结婚照，这些黑白照片都是以前在暗房自己冲洗的。

黑白影像的感染力、相纸质地的真实感，多么难忘的手工时代回忆录!

收纳好时光

印章

※※

※※

混在一起乱七八糟的资料让人不知所措。

旅行回来总有许多车票、船票、门票、地图、DM，每一样都想留下。

解决混乱的方法，就是用纸盒收纳。

盒子贴上贴纸，就有名有姓了！温习旅程更容易，找数据更方便。

collecting good old time

旅行生活印记

地图，收据，店家老板手写账单，曾在某处生活的印记。

充满折痕的地图曾指引我方向，是旅行的伙伴，说什么也不会丢的。

皱巴巴的餐厅收据呢？可见那一顿，吃得感动。

1

3
33

imprints of journey...

44
44

22

55
5
55

66
6
666

FaceOff

Xiao-Hu's laugh

before

※※※※※※※※※※※※※※※※※※※※※※※※※

小虎笑哈哈

小虎的呵欠非常可爱。常常拍到她顽皮的表情，看起来像笑哈哈。

把小虎的笑容连续盖章做成一张大贴纸，

我一边盖章，一边也跟着小虎笑哈哈！

after

※※※※※※※※※※※※※※※※※※※※※※※※※※※※※※※※※※※※

礼物

生日、情人节、圣诞节、母亲节……在包装纸上盖上专属的印章吧！

贴上自己做的贴纸吧！制作的同时想着对方，也是一件幸福的事呢。

gift1

gift1 ---- 好看的书。祝你圣诞快乐。

gift2

gift2 ---- 旅行带回来的礼物，不是装颜料的，
它们都是调味罐，祝你生日快乐。

gift3

gift3 ---- 尝尝看，这是我带回来的糖果哟。

gift4

gift4 ---- 分装今年的春茶给你，是阿里山亲戚种的好茶。

gift5

gift5 ---- 最近认识的猫咪玩泡泡手工皂坊，纯天然成分，祝妈妈母亲节快乐。

gift6

gift6 ---- 你要的薄T恤我帮你找到了，你总是懒得买衣服，所以一口气带三件。情人节快乐！

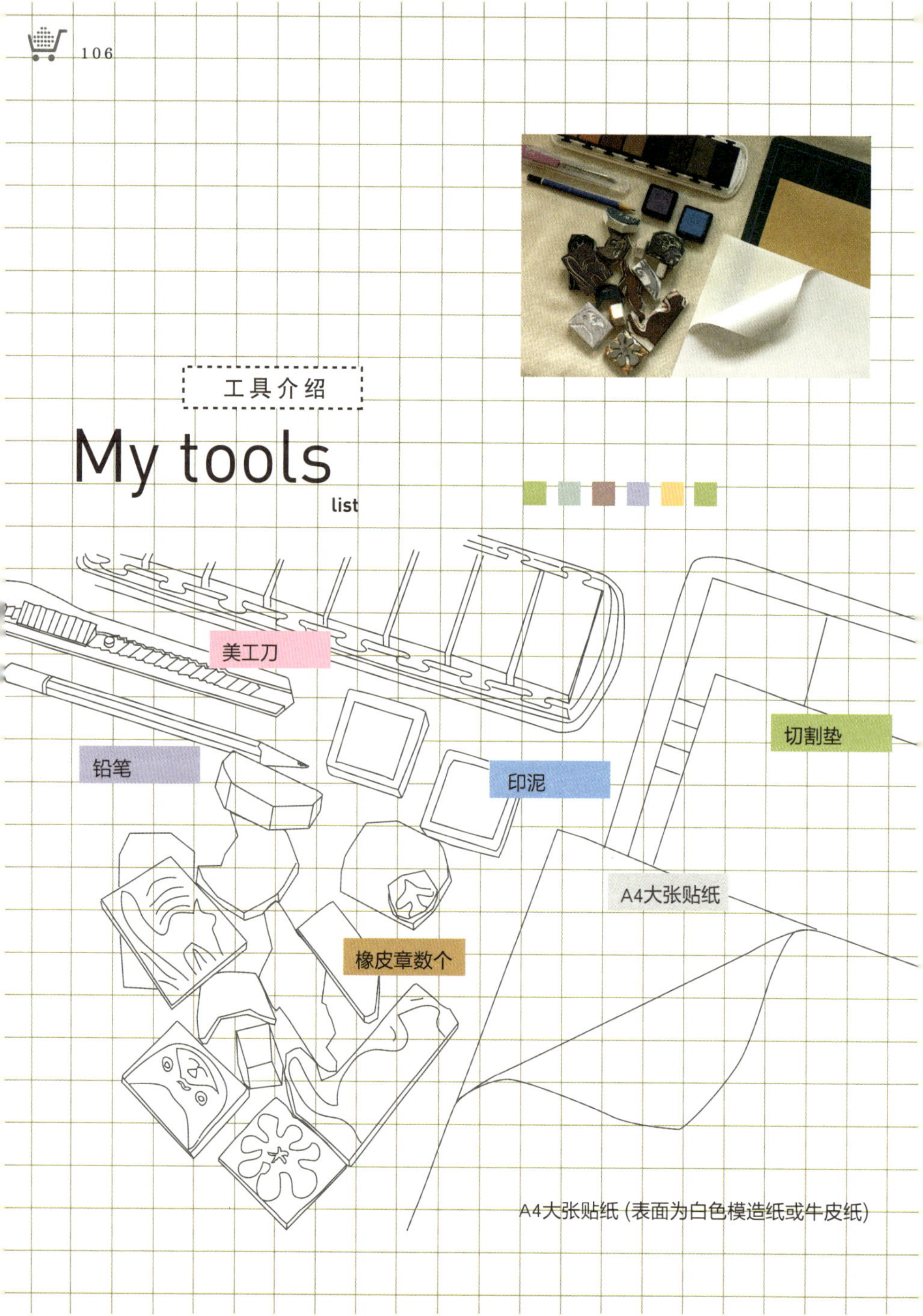
工具介绍
My tools
list
美工刀
铅笔
印泥
切割垫
A4大张贴纸
橡皮章数个
A4大张贴纸（表面为白色模造纸或牛皮纸）

步骤 1-9

橡皮擦印章制作方法请参照第43页

step 1

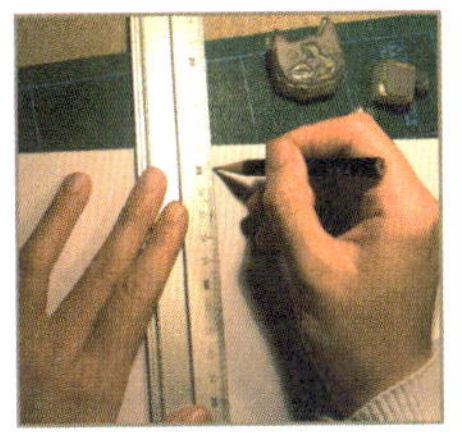

决定贴纸尺寸，用铅笔画好(13.5×5厘米)。

step 2

轻拍印泥。

step 3

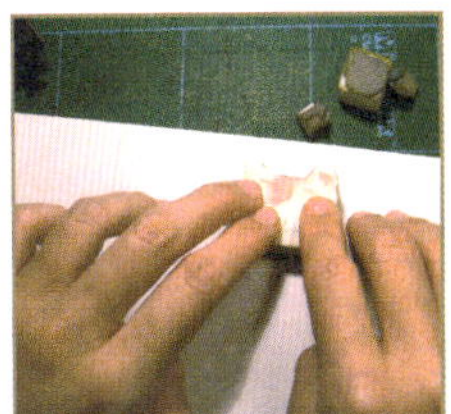

盖章。

step 4

完成猫脸主题。

step 5

在猫脸旁边盖上一朵朵小花瓣。

step 6

盖上小箭头当装饰。

step 7

最后盖上小圆点。

step 8

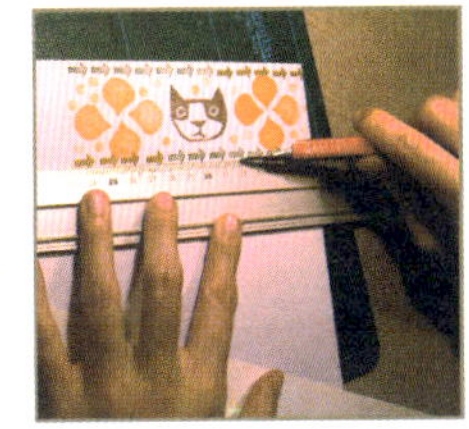

用美工刀小心割下。

step 9

完成。

steps 1 to 9
to make a sticker

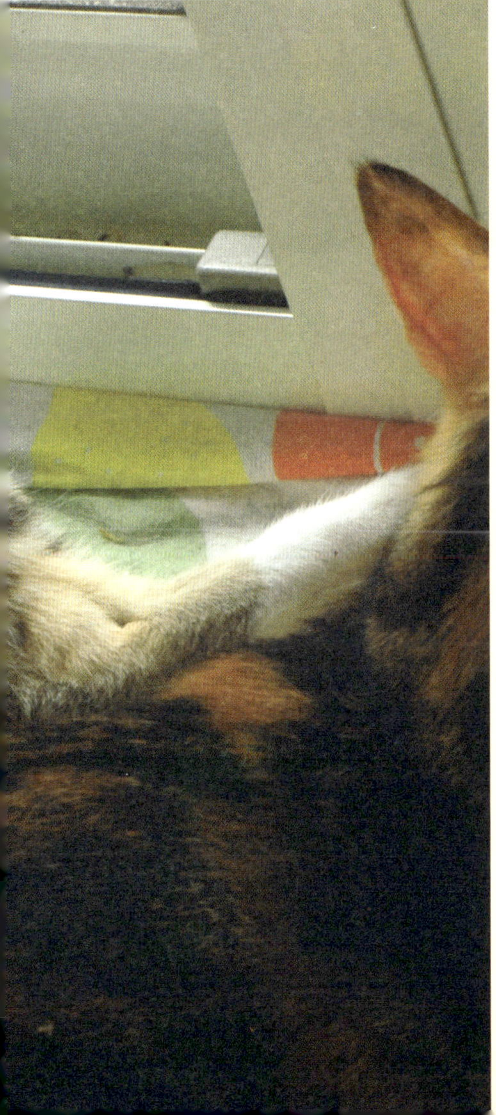

搞笑顽皮的开心果

喵小虎

喵小虎 ♀ 2005

天生喜感

虎斑猫给你什么印象？以前，我以为是充满野性美。既神秘又独立的虎斑猫，是猫科动物的基本款，是大自然完美的杰作。

喵小虎，彻底颠覆了我对虎斑猫的幻想，她搞笑、贪吃又黏人。

刚到第二天，就从楼梯间摔下来，呯！好大一声，吓坏我了，还好她马上爬起来，甩甩头，没事。

一天深夜，她从楼上跑下来，嘴巴居然吐着泡泡！医院早就关门了，眼看泡泡愈吐愈多，我们吓得不知如何是好，赶紧隔离观察，还好，没事。

玩逗猫棒时，她不只弹跳力惊人，常常浑然忘我地摔在地上，有时背部直接落地，非常危险！跟着淑惠妈妈在楼梯暴冲，一开始常会绊倒，冲了多次之后才摸清阶梯的高度，抓到飞奔的诀窍。

小花妹妹爬纱窗，小虎却只在一旁羡慕地看着，以她不灵巧的身手，绝对会掉下来摔得很惨！我猜小虎可能因为是短尾猫，所以平衡感较差，因此常有脱线的演出，她的动作因为笨拙所以显得可爱。

像天生的喜剧演员：四脚朝天睡觉，愣头愣脑发呆，靠着东西打盹，打呵欠嘴巴拉得又大又久，常常拍到她大笑似的呵欠照。贪吃的她，肉罐头一开马上激动地缠着我，啊~嗯~啊唱着“好好吃之歌”——表情、音调、肢体语言之丰富，是家里四只猫中的第一名。

↘

妈妈的小跟班

小虎最黏妈妈，也被妈妈打得最凶。

“打”，指的是母猫和小猫之间激烈的互动。淑惠妈妈常常抱着小虎小花猛踢，这是一种游戏，大概也是一种训练，面对妈妈弓起的身子和膨大的松鼠尾，小虎害怕得耳朵朝后贴，小声嗯嗯叫，像在哀求妈咪饶了她呢！

严格管教，其实也是疼爱的高级表现吧，小虎懂得妈妈的爱，依然黏妈妈，然后一直被踢，依然继续黏……7个月大的时候还吸奶，那时她几乎比妈妈还大只了耶，我一度担心小虎一辈子断不了奶！

↙

小虎宅急便

小虎小花都喜欢叼东西给我们，但选择的东西完全不同，小虎喜欢布类玩具，小花喜欢长长的东西。

小虎小的时候就抱住比自己大的布娃娃猛啃猛踢(呜……我心爱的娃娃……)，那动作就像淑惠妈妈抱着她踢一样剽悍。

在日本买的五个布制鸟工艺品，也被她一只只叼下来。

书柜上的小熊玩偶，跳上去叼下来送给我，最厉害的是衣柜里有一袋我读小学时候玩的旧娃娃，小虎不知怎么居然钻进柜子里叼出来，咬破塑料袋，把三个娃娃解救出来。

只好把有纪念价值的玩具全部藏好，上面已经多了小虎的齿痕纪念啦!

接着，又发现小虎对毛料有兴趣：看她从一堆衣物中叼出毛线帽，小小身体拖着大大的帽子，煞有介事的认真模样，让我笑了好久。

最近，她又叼了厚的不织布(天凉还懂得自己铺床)，毛料果然是她的新欢。

小虎和阿妙

小虎是一只饶舌猫，除了前述啊~嗯~啊的“好好吃之歌”，撒娇时迷人的喵声也是一绝，和阿妙接近，则会发生一种嗯嗯嗯的连续抖音，从小就这样，非常奇特。

忍不住玩阿妙的尾巴、吵阿妙睡觉，小虎总是给人一种“摸一下下又不会死”的淘气感，偷偷摸摸做坏事的表情，像极了顽皮的小男生。

但是阿妙对她来说，并非永远的怪叔叔喔!

天冷时，阿妙的窝是小虎的最爱，她会非常厚脸皮地压在阿妙身上，小手抓着阿妙，尽情享受大暖炉的热力呢。

End

喵小虎 ♀ 2005

第三篇

袋子 Bags

The ideas that we have used on designing those shopping bags all came from our surroundings.

Big-headed cat: This is a portrait of our cat, A-meow, who is the boss, the gangster, and also the president of our home

Walking cat: The picture of a cat walking on the wire makes the bag full of imagination and unrealistic glamour.

Submarine: The little submarine swimming in the washing machine is like a heterogeneous symbol which shows a little humor.

Scarab beetle & praying mantis: They are the little guests that stop by our balcony.

1 22 333
44 55
44 5
55
1
2
3
Bags
4
5

撞包的感觉如此美妙。

2005年6月5日下午3点12分，背着潜水艇袋在天母高岛屋闲晃，忽然，眼前一位小姐让我眼睛发亮，因为她也背着潜水艇袋！

和自己的设计不期而遇，是甜蜜的经验、踏实的鼓舞。那是2005年，我们的环保袋刚刚推出，初期只在雅虎拍卖曝光，知道的人非常少呢。

大头猫、走路猫、潜水艇、螳螂、金龟子五款环保袋的灵感皆来自生活周遭；

大头猫：我家阿妙，家中的老大、流氓、董事长。

走路猫：超现实的魅力——猫走电线，梦境般不可思议。

潜水艇：小潜艇在洗衣机游泳，异质的符号，表现小小的幽默。

金龟子、螳螂：飞到我家阳台里来的小客人。

我的第一个环保袋是1993年在德国慕尼黑超市买的，薄棉布材质，折起来小小的，后来一直把它放在大袋子里当随身备用袋。冬天欧洲室内有暖气，逛街时把常要穿脱的外套放进去带着，非常方便。

后来我们设计环保袋，就决定以此为参考，加上来自生活经验的图案。环保袋这么不起眼的物品，也可以很有个性。

rucksack
Big-headed cat and Walking cat

帆布袋——大头猫、走路猫

薄棉布环保袋不满足，还想要一个厚的包，

大头猫、走路猫复刻加强版诞生。

模样更英挺，功能性更强。

帆布袋——小虎和挖土机

65×48厘米的超大尺寸，

装柴米油盐酱醋茶，装轮鞋篮球网球拍，

装下一切能装的想装的，想象它有运输机的容量。

红色猫是小虎的侧影，而强悍美丽的重机械，

是某个长不大的男人的最爱。

There are so many good-looking bags for sale in the shops. Why do I still want to make one by myself? To me, a bag is like a three-dimensional canvas which can satisfy my unquenchable desire to draw not only on the plane.

All of my bags are designed with the concept of illustrations. I always like to draw sketches, and sometimes I just make an improvisational performance by cutting the silhouette of a cat without too much thinking. Before I am aware of it, a lot of hand-made bags are hung on the walls, and that becomes a special scene in the room.

手作篇 Hand made

街上好看的包那么多，为什么还要自己做呢？对我来说，袋子是一张立体画布，满足我不满足于平面绘画的欲望。

虽然学美术，但水彩、素描并不擅长，对剪贴就特别有感觉——比起拿画笔，剪刀剪出来的图案很利落，过程也很畅快。很自然的，拿了剪刀咔嚓咔嚓剪了图案缝了起来，变成一个个插画风格袋。妙市集的网友Fifi曾给我留言说：自己做的袋子提出去多特别，就像街头移动的一幅插画！

插画风格袋 Illustrated style

刚开始怕浪费布，就用旧衣服做练习，有几回在亲朋好友间广征旧衣旧裤，还因此搜集到一些漂亮的老布呢。上手之后才买布来做，把平常搜集的扣子、缎带、蕾丝也一起拿出来，思考搭配的可能性。

初期，做了一系列黑猫袋——大大的脸，以老纽扣当眼睛，看起来傻乎乎，手缝的鼻嘴胡须，增添了手感，最后再加上一条缎带，大黑猫就可以去约会啦。

用的是妈妈的老爷缝纫机(高龄快20岁了)，也没有正式学缝纫，比起高深的技术，我觉得“设计”最深奥的部分是风格的形成。

做袋子和做菜很像，先看看手边有哪些素材，然后加以分类，按步骤一步一步来，最后变成所要的样子。我的袋子都是以插画的概念来做，平常就习惯画画草图，有时没想太多就顺手剪下一只猫形做即兴演出，不知不觉，整面墙就挂满了袋子，变成室内一幅特别的风景。

SINGER
AUTO
WIDTH

猫抓鱼

图样见P155

闪电般的速度，不管是一只虫、一只蝶、一只鸟、一尾鱼，他都能精准地追踪到底。他是天生猎捕好手。

Bags

Fish Catching

Bags

Little
black cutie

小黑猫，装可爱 图样见P154

朋友送我的猫衣、领结、领巾总是拍完照就被当艺术品珍藏，因为不是当场就踢飞，就是呆掉不知如何是好，我的猫……习惯一丝不挂的天体。

只能在幻想的世界里，帮他选一条领圈，缀上小白花，装可爱。

Bags

Cats met on the journey

旅行遇见猫

图样见P154

看到雍容散步的猫，就知道这个城市的人心地多好。

旅行时和猫咪的相遇和互动，总让我回味无穷，

在遥远的意大利、希腊、新西兰、日本，都有我和猫儿们邂逅的回忆。

他们大剌剌地跟我磨蹭、翻滚，发出舒服的呼噜呼噜声……

感谢宽容对待这些猫儿、欣赏猫儿美丽的人们！

因为你们的仁慈，

孤独的旅人得到意想不到的温暖。

天秤座黑白猫

图样见P152

平和优雅的他，戴着半个面具，静静看着你。看似中规中矩，其实他有着出乎意料的热情。偶尔脱线演出闯一点小祸，但当他在身边磨蹭撒娇时，任谁都会心软地既往不咎。

Bags

Libra cat

Bags

Traveler

旅行家

爱好自由的猫，流着旅行家的血液，然而我只能给他一间小小的公寓。

没有树林、山洞与猎物，只有窗台、沙发、纸箱、逗猫棒。

旅行家在窗台上晒月光，在纸箱中躲猫猫，

把逗猫棒当老鼠，在沙发上翻山越岭、跳上跳下。

拉链小猫袋

Bags

Zipper cat

在家时，她是一幅静物风景。

外出时，她和书包里拉拉杂杂的东西在一起，陪我一起看夕阳、喝咖啡。

威廉做的袋子，随机、豪放地拼接，勇敢地配色，

男人手中没有婆婆妈妈小心翼翼的拼布。

多次尝试，多次失败，寻找色彩、质感冲突的平衡。

发想与实做的过程就像一连串没完没了的实验，大胆淘汰不切实际的想法。

其中有一个被日本吉他手带回东京了，

果然是很man的人看中的很man的袋啊。

Bags

Men's bags

理性与感性

本来日本花布是男人袋中不会出现的花样，
但这样配置竟然不会娘娘腔，
而亚克力涂料有厚度还算有理性，
这个袋子的正面还算中规中矩。
背面……刺目豹纹+牛仔裤的屁股，
无言以对的人，很多。

两只猫膨成松鼠，是初次见面时的威吓！

这是猫咪们认识新朋友时的打招呼方式，尽量把自己膨到最大，

然后尖叫……真的很惨烈，要有心理准备。

迎接新猫咪，请先和旧猫咪隔离至少一星期。

双猫呛声

Bags

Hissing cats

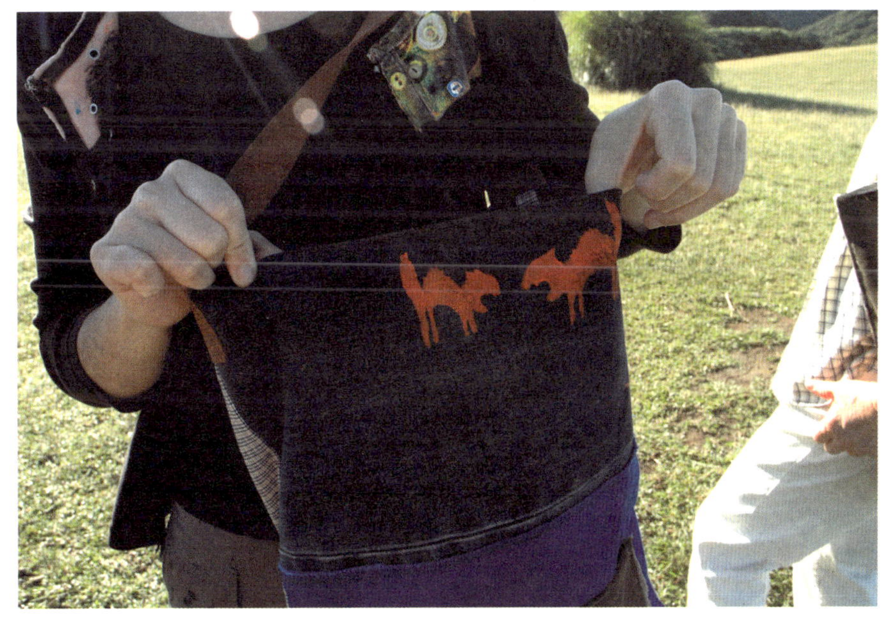

Bags

Invincible cat's claws

猫爪无敌

猫爪把袋子割破，里面衬以旗袍布、反光条，刺眼的拷克在外头，保守者看了直摇头。

破坏性的做法，让我想到把画布割破的意大利画家Fontana。

以上，是狂野的正面。

袋子背面却是宁静的和风。

带阿妙见客户

我们都不是正经八百穿皮鞋带公文包的人。

发现袋子右下角有阿妙的半个脸吗?

这一面是阿妙环保袋和牛仔布拼接，黑色宽条纹是亚克力手绘，

橘色反光条不只有装饰功能，还是一个迷你笔袋!

另一面是金龟子环保袋和各式布料拼接，

两组提把是整张牛皮裁的，可提、可斜背。

费工费时费料，独一无二的怪怪公文包。

Bags

Meeting clients with A-Meow

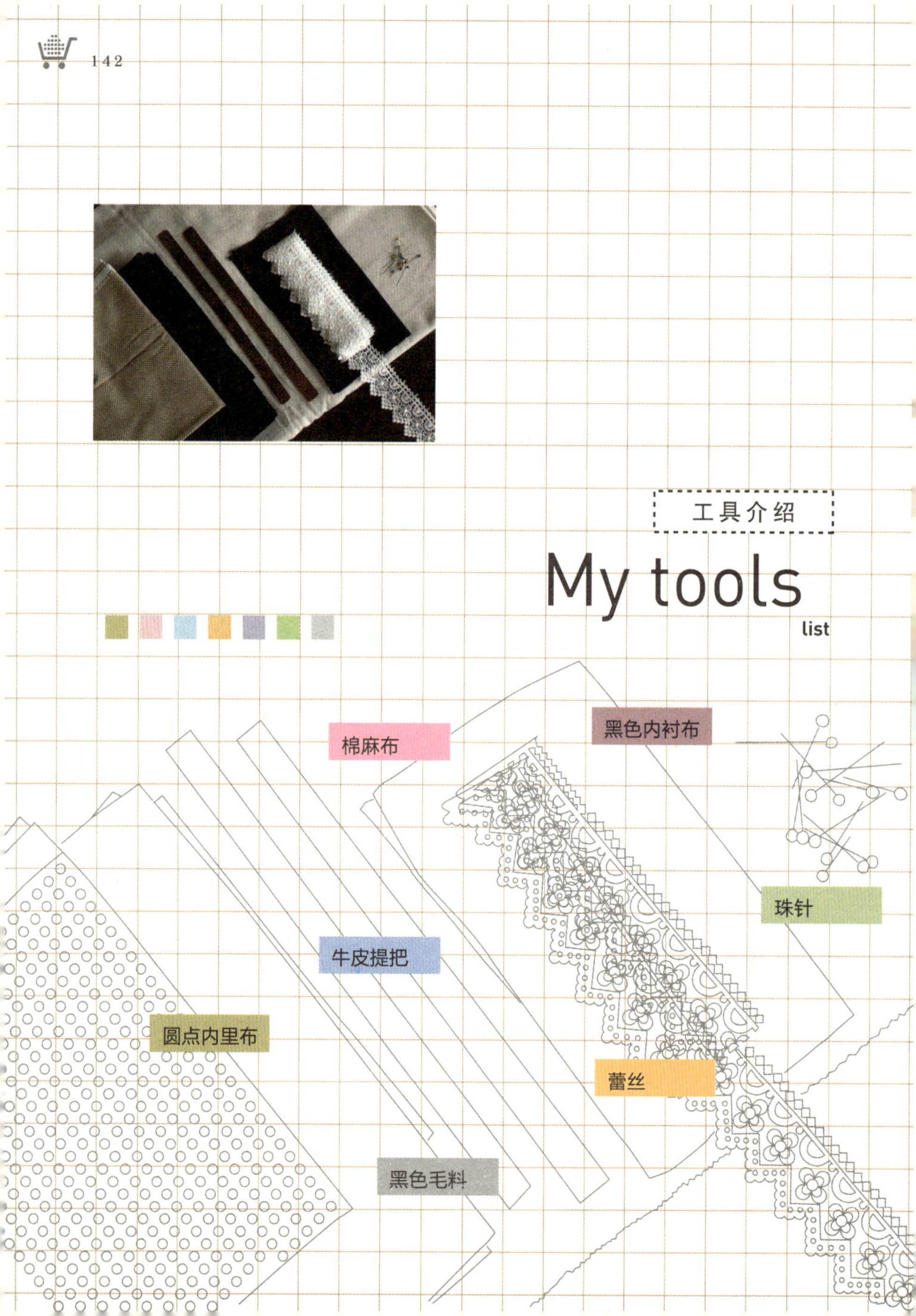

工具介绍
My tools
list
棉麻布
黑色内衬布
珠针
牛皮提把
圆点内里布
蕾丝
黑色毛料

step 1

将剪好的猫形用珠针固定在62×27厘米的棉麻布+黑色内衬布上面。

step 2

车猫形

step 3

猫形完成。

step 4

用珠针固定蕾丝。

step 5

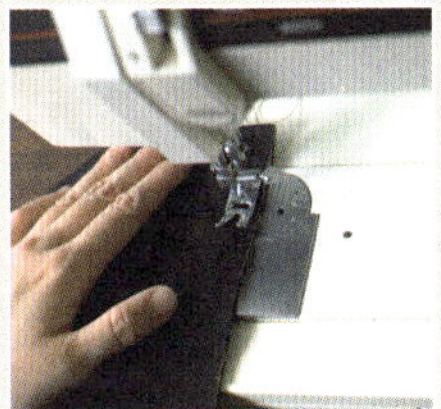

翻面，车正面袋身。

step 6

翻面，车内里袋身。

step 7

正面和内里相套，顶端下折约2厘米，用珠针固定。

step 8

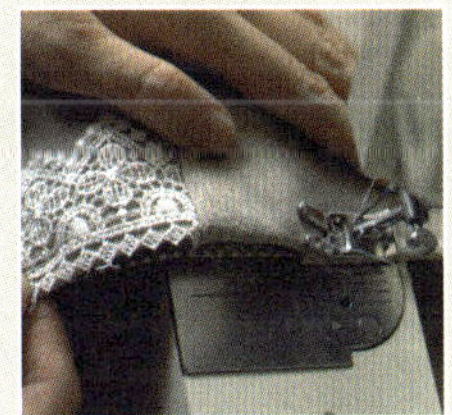

把正面和内里车起来。

step 9

车提把。

step 10

完成

步骤 1-10

steps 1 to 10 to make a bag

温柔热情的一朵花

喵小花

喵小花 ♀ 2005

三花猫都是温柔小可爱

因为Becca留下的美好回忆，所以我们迷信三花猫都是温柔小可爱。

第一次和小花见面，一个月大的她视力还未发育完全，但三只小猫中，只有她注视着我们，那稚气、朦胧的眼神，让我们一相情愿地相信：她知道将来要到我们家。

那时，天天通过Emily的博客看小花成长：呱呱坠地、吃奶、渐渐会爬会玩，和小虎姐姐、小猪弟弟的游戏时间，和Emily的三只大猫——北鼻、香菇、豆皮的互动，好温馨好有趣，尤其和妈妈花色相近，母女俩一大一小吃饭的画面，总让我感动莫名。

↘

喵小花 ♀ 2005

聪明伶俐又勇敢

两个月之后，淑惠妈妈带着两个拖油瓶来了。

小花聪明伶俐又勇敢，第一个学会啃硬硬的饼干，第一个爬纱窗，第一个敢在阿妙后面鬼鬼祟祟。

身手灵巧、不挑嘴、身体健康，既有小猫的活泼好奇，也有稳重的个性。每天看她和小虎一起玩，在妈妈的呵护中成长，天天用相机记录一切，心情也跟着飞起来呢。

小花很照顾小虎，小虎睡醒在楼上哭，她赶快冲上去帮小虎舔舔；而和妈妈在一起的画面总让我百看不厌：同一个模子的三花猫，有点像，其实又那么不同：妈妈穿碎花短袖洋装、白长袜，小花穿碎花长袖，搭配短短的五指袜。

↙

花猫宅急便

小花喜欢长长的东西。

小小猫的时候，爱玩棉花棒，一不注意就啃掉一截。

后来陆续发现耳耙子、水彩笔、毛笔、油画笔、威廉喷漆涂上的长形模纸、各式逗猫棒……都被她叼下来。特意把这些东西搜集起来拍了一张纪念照，哇，有九种之多耶！

一天早晨，楼上的猫隧道被她叼了……不，应该说是拖了下来，她真的好喜欢长长的东西！

喵小花 ♀ 200

小胖花儿

小花从小就只爱吃猫饼干，对肉罐头兴趣缺乏，干粮营养丰富加上食欲总是很好，所以像吹气球一样越来越壮，现在已经比妈妈大一号了！可爱、温柔的小胖妹，就是小花目前的写照。

小胖花儿虽然圆滚滚，毕竟年轻，所以弹性一级棒，玩逗猫棒时飞得好高，冲楼梯也不曾失误。

三花大酒家

早熟的小花，五个多月大就发情了，那时她缠着阿妙满屋子跑，一下子抱抱一下子亲亲，阿妙一脸错愕不知如何是好。

结扎后到今天，她还是对阿妙一往情深，常常亲阿妙、抱阿妙。妙爷爷吃不消，最后总是演变成快速闪开，让小花扑空。

冬天，小花赖在阿妙身边还不够，硬要横在妈妈和阿妙中间，每次看到阿妙左拥右抱的样子，我都笑他天天上“三花大酒家”！

回想第一次养猫，在动物医院做例行检查时，医生一边看猫一边说：“三花猫都是母猫喔！”

大自然真奇妙！穿花花衣的都是女孩儿。

小花喜欢趴在我身上嗯嗯呜呜撒娇，对客人落落大方。三花猫温柔体贴的个性，在小花身上再次印证，真好。

End

附录

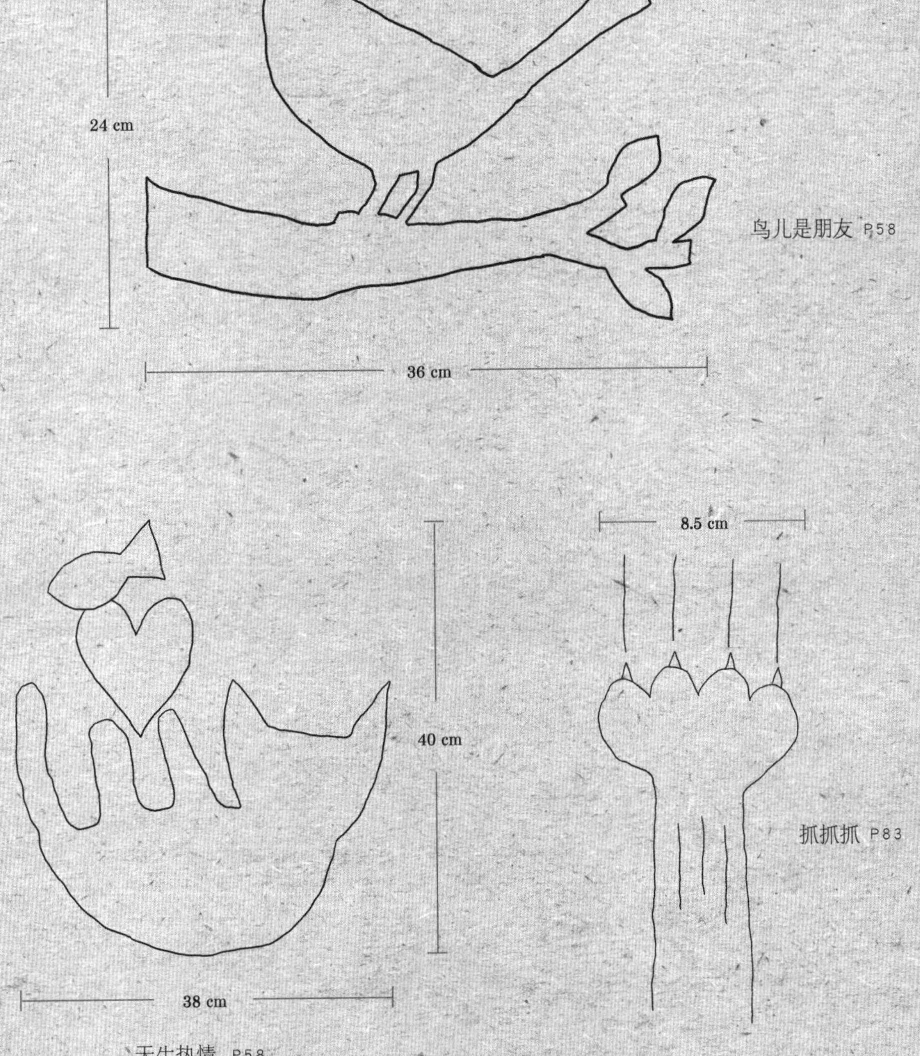
24 cm
36 cm
鸟儿是朋友 P58
40 cm
38 cm
8.5 cm
抓抓抓 P83
天生热情 P58

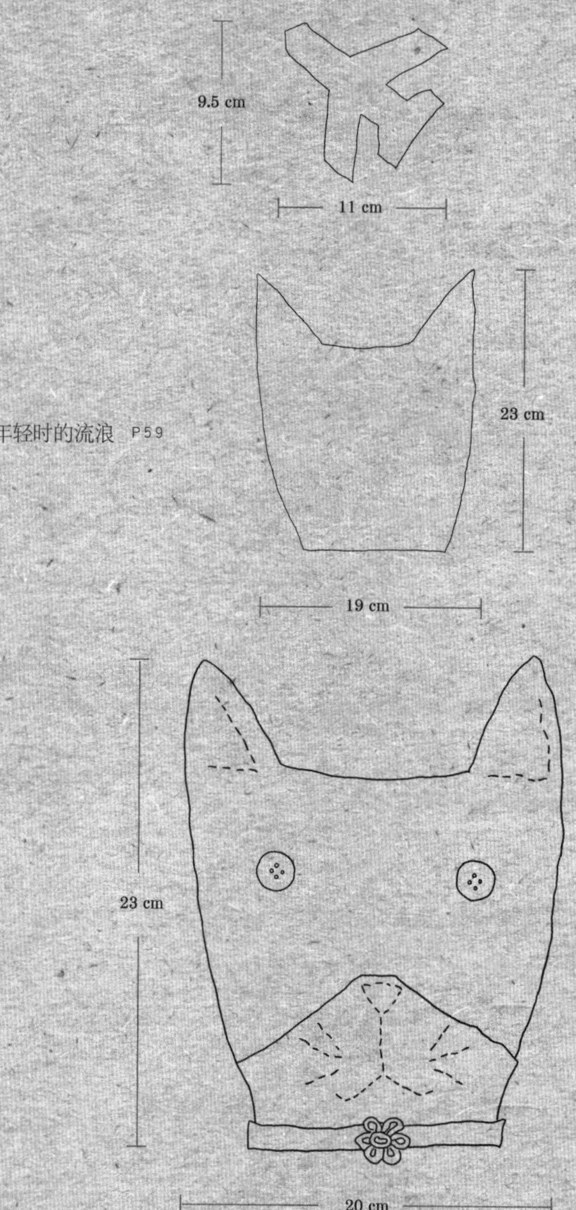

年轻时的流浪 P59

天秤座黑白猫 P132

带猫散步 P70

疗伤系的猫 P73

鱼不是最爱 P69

手套情侣 P74
30 cm
15 cm
小黑猫，装可爱 P129
旅行遇见猫 P131
9 cm
12 cm
23.5 cm
18 cm

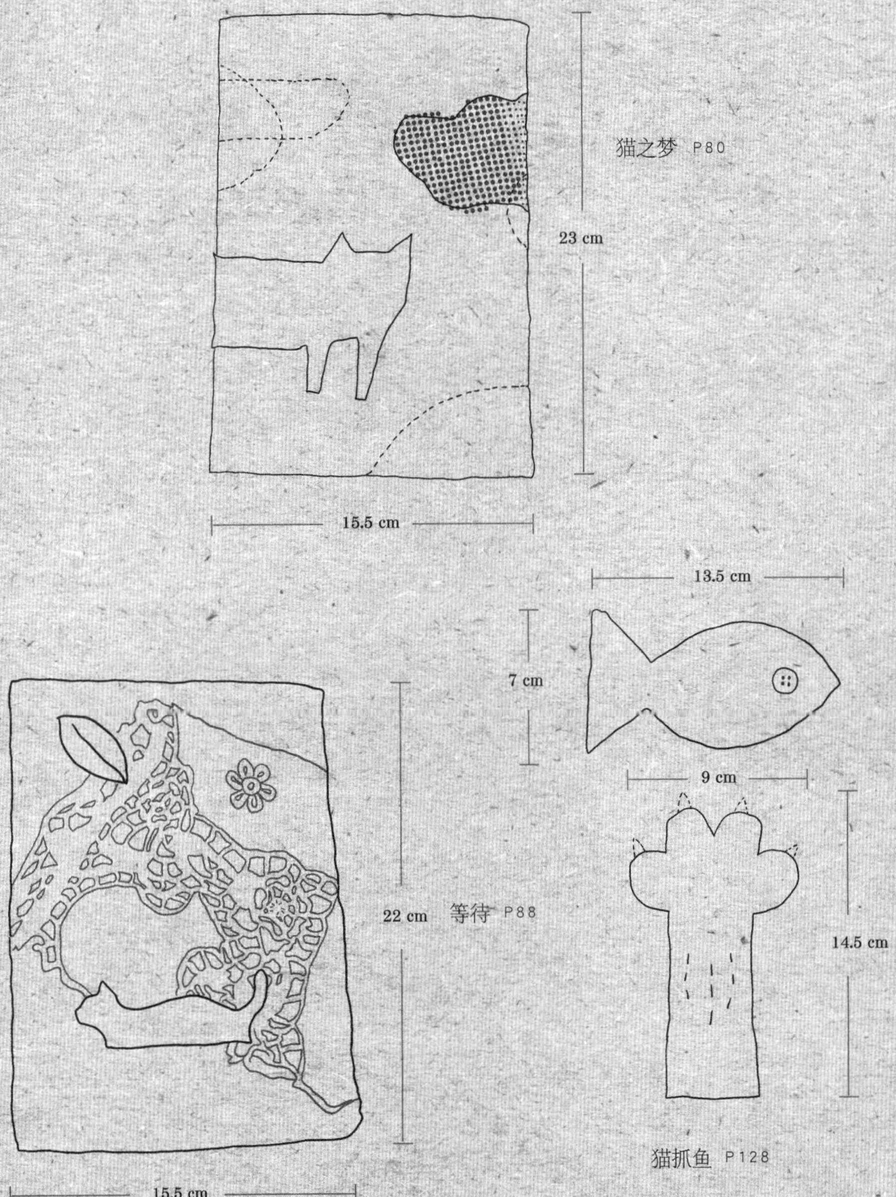
23 cm
15.5 cm
猫之梦 P80
13.5 cm
7 cm
9 cm
14.5 cm
猫抓鱼 P128
22 cm
等待 P88
15.5 cm

印章

图书在版编目（CIP）数据

爱上手作，因为猫 / 郑慧荷著 .—济南：山东人民出版社，2010. 1

ISBN 978-7-209-05105-7

Ⅰ.爱… Ⅱ.郑… Ⅲ.手工艺品—制作 Ⅳ. TS939

中国版本图书馆CIP 数据核字(2009）第219645 号

中文简体字版 2010 年由山东人民出版社发行

山东省版权局著作权合同登记号　图字：15-2008-116

责任编辑 吴宏凯

装帧设计 R-one

项目完成 吴宏凯工作室

爱上手作，因为猫

郑慧荷　著

山东出版集团

山东人民出版社出版发行

社　　址：济南市经九路胜利大街 39 号 邮政编码：250001

网　　址：http://www.sd-book.com.cn

发 行 部：(0531)82098027 82098028

新华书店经销

三河市华东印刷有限公司

规　格 32 开（145mm × 185mm）

印　张 5

字　数 100 千字

版　次 2010 年 1 月第 1 版

印　次 2018 年 2 月第 2 次

书　号 ISBN 978-7-209-05105-7

定　价 35.00 元